大气颗粒物精细化源解析技术研究及应用

邓小文　冯银厂　陈　魁　等／编著

中国环境出版集团・北京

图书在版编目（CIP）数据

大气颗粒物精细化源解析技术研究及应用 / 邓小文等编著 .— 北京：中国环境出版集团，2018.8

ISBN 978-7-5111-3743-2

Ⅰ. ①大… Ⅱ. ①邓… Ⅲ. ①可吸入颗粒物—粒状污染物—污染防治 Ⅳ. ① X513

中国版本图书馆 CIP 数据核字（2018）第 169047 号

出 版 人　武德凯
责任编辑　宋慧敏
责任校对　任　丽
封面设计　彭　杉

出版发行　中国环境出版集团（100062 北京市东城区广渠门内大街16号）
网　　址：http://www.cesp.com.cn
电子邮箱：bjgl@cesp.com.cn
联系电话：010-67112765（编辑管理部）
010-67112738（环境科学分社）
发行热线：010-67125803 010-67113405（传真）

印　　刷　北京市联华印刷厂
经　　销　各地新华书店
版　　次　2018年8月第1版
印　　次　2018年8月第1次印刷
开　　本　787×960　1/16
印　　张　12.5
字　　数　230千字
定　　价　45.00元

《大气颗粒物精细化源解析技术研究及应用》
编委会

前 言

“十二五”期间，细颗粒物（$PM_{2.5}$）污染问题受到各方高度关注。2012 年 2 月 29 日，国务院常务会议同意发布新修订的《环境空气质量标准》（GB 3095—2012），部署加强大气污染综合防治重点工作。新标准增加了细颗粒物（$PM_{2.5}$）和臭氧（O_3）8 h 浓度限值监测指标，加严了可吸入颗粒物（PM_{10}）、二氧化氮（NO_2）的浓度限值要求。根据国家要求，天津市于 2013 年 1 月 1 日起，按照空气质量新标准开展监测并实时发布 6 项基本项目的监测数据和环境空气质量指数（AQI）等信息。2013 年 9 月 10 日，国务院出台的《大气污染防治行动计划》明确提出：“力争再用五年或更长时间，逐步消除重污染天气，全国空气质量明显改善。”2013 年 9 月 28 日，天津市政府出台了《天津市清新空气行动方案》，该方案指出要加快以细颗粒物（$PM_{2.5}$）为重点的大气污染治理，切实改善环境空气质量。

基于以上背景，为适应新的环境形势，响应《大气污染防治行动计划》和《天津市清新空气行动方案》要求，本书编著者经过近两年的持续研究，系统分析了天津市历年大气颗粒物污染源和环境质量的变化情况，梳理了相关政策措施；在已有源成分谱研究的基础上，进一步系统采集分析天津市典型大气污染源样品，构建了天津市源化学成分谱；在全市 23 个空气自动点位周边开展环境受体样品采集和化学组成分析，并基于分析结果首次在天津市开展分区域、分季节的 PM_{10} 和 $PM_{2.5}$ 化学组分特征分析和来源解析研究，对典型区域开展精细化研究。

本研究由天津市环保专项“天津市大气颗粒物精细化来源解析”资助，天津市生态环境监测中心和南开大学合作完成。邓小文、冯银厂、陈魁负责全书的总体构思和结构设计，董海燕、肖致美、唐邈、李立伟、刘彬、高璟赟、李丹、孔君负责第 1 章、第 2 章、第 3 章、第 4 章、第 5 章、第 9 章编写，毕晓辉、张裕芬、吴建会、田瑛泽、杨佳美负责第 6 章、第 7 章、第 8 章编写。

由于作者水平有限，书中的缺点、错误在所难免，诚恳希望广大读者提出宝贵意见。

编著者

2018 年 5 月

目 录

第 1 章 绪论……1
1.1 国内外研究现状……1
1.1.1 颗粒物主要组分特征研究……1
1.1.2 颗粒物源解析研究……3
1.2 研究内容……4
第 2 章 社会经济发展与污染物排放特征……6
2.1 工业、能源、人口、交通变化……6
2.1.1 工业总产值变化情况……6
2.1.2 能源消耗量变化情况……6
2.1.3 工业主要产品产量变化情况……10
2.1.4 人口数量变化情况……12
2.1.5 交通发展情况……12
2.2 天津市大气污染物排放特征……13
2.2.1 污染物排放总量及年际变化……13
2.2.2 不同大气污染源排放量……15
2.3 本章小结……20
第 3 章 污染气象特征分析……21
3.1 地理概况……21

3.2 地面天气形势 22
3.3 风向、风速 23
3.3.1 风向 23
3.3.2 风速 27
3.3.3 污染系数 28
3.4 相对湿度 31
3.5 能见度 34
3.6 边界层高度 35
3.7 本章小结 37

第4章 空气质量变化趋势分析 39

4.1 空气质量及趋势演变特征 39
4.1.1 污染级别天数 39
4.1.2 首要污染物天数 40
4.1.3 污染物质量浓度 41
4.2 综合特征分析 45
4.2.1 综合污染指数 45
4.2.2 颗粒物污染特征 48
4.2.3 NO_2 和 SO_2 特征分析 51
4.3 环境空气质量综述 52

第5章 颗粒物化学组分特征 54

5.1 样品采集 54
5.1.1 采样点位 54
5.1.2 采样周期与时间 55
5.1.3 样品采集情况及质控 56

5.2 样品分析 58
5.2.1 水溶性离子 58
5.2.2 碳组分 59
5.2.3 无机元素 60
5.3 采样期间污染特征 60
5.3.1 颗粒物质量浓度 60
5.3.2 季节变化特征 65
5.3.3 空间变化特征 74
5.3.4 长时间序列变化特征 79
5.3.5 年际变化对比 81
5.4 本章小结 84
第 6 章 源成分谱建立 86
6.1 开放源 86
6.1.1 城市扬尘 87
6.1.2 土壤风沙尘 92
6.1.3 生物质燃烧尘 94
6.1.4 建筑水泥尘 97
6.2 固定源 98
6.2.1 煤烟尘 98
6.2.2 冶金尘 101
6.3 流动源 103
6.3.1 机动车尾气尘 103
6.3.2 船舶尾气尘 106
6.4 源谱标识元素 109
6.5 本章小结 111

第 7 章 颗粒物精细化源解析 113
7.1 精细化源解析技术方法构建 114
7.1.1 CMB 模型原理与诊断 114
7.1.2 二次颗粒物贡献估算方法 120
7.1.3 精细化源解析技术方法 122
7.2 小尺度源解析技术方法构建 125
7.3 大气颗粒物源解析结果 128
7.3.1 全年源解析结果 128
7.3.2 季节源解析结果 135
7.4 小尺度精细化源解析（以天津某区为例） 153
7.4.1 区域概况 153
7.4.2 空气质量分析 153
7.4.3 污染源调查 155
7.4.4 精细化源类影响评估 159
7.4.5 问题及建议 165
第 8 章 冬季典型重污染特征分析 166
8.1 大气污染物时空演变特征 166
8.2 颗粒物化学组分时空变化特征 172
8.3 重污染期间源解析结果 175
8.4 本章小结 176
第 9 章 颗粒物污染综合分析 177
参考文献 183

第 1 章 绪 论

当前，天津市大气污染形势十分严峻，在传统的 NO_x、PM_{10} 问题未得到根本解决的状况下，$PM_{2.5}$ 污染问题开始凸显。2013 年以来，$PM_{2.5}$、PM_{10} 年均浓度分别是国家年二级标准限值的 1.97 ～ 2.74 倍、1.47 ～ 2.14 倍，是天津市大气污染物中超标最为严重的两项，每年成为首要污染物的天数达全年有效监测天数的 70% 以上。从改善幅度上来看，颗粒物尤其是 $PM_{2.5}$ 污染防治进入“瓶颈期”，2016 年 $PM_{2.5}$ 改善率仅为 1.4%，远低于 2015 年的 15.7%。大气污染尤其是颗粒物污染问题成为制约天津经济发展和生态宜居城市建设的主要“瓶颈”之一。

大气颗粒物源解析工作在大气污染防治方面发挥了重要作用，2011—2014 年，天津市开展了大气颗粒物源解析工作，首次对天津市 $PM_{2.5}$ 来源进行解析，取得了阶段性成果，并于 2014 年 8 月 22 日正式对外发布。该结果为《天津市清新空气行动方案》制定及实施提供了重要技术保障，有力推动了天津市空气质量的明显改善。随着环境管理决策的技术要求越来越高，大尺度源解析结果很难实现污染源治理的精准定位，开展颗粒物精细化源解析工作，实现对不同空间、不同行业、不同时间的污染来源分析是当前环境管理的迫切需求。

1.1 国内外研究现状

1.1.1 颗粒物主要组分特征研究

颗粒物的化学组成是确定其来源和制定污染防治对策的重要依据，颗粒物的化学组分主要包括水溶性无机离子、含碳组分、地壳元素、微量元素和有机化合物等。

水溶性无机离子（Water Soluble Inorganic Ions，WSII）是大气颗粒物的重要

组成部分，主要包括 5 种阳离子（Na^+、NH_4^+、K^+、Mg^{2+}、Ca^{2+}）和 4 种阴离子（F^-、Cl^-、SO_4^{2-}、NO_3^-）。SO_4^{2-}、NO_3^- 和 NH_4^+ 为二次水溶性离子（Sulfate-Nitrate-Ammonium，SNA），是 $PM_{2.5}$ 中最主要的水溶性无机离子，一般占 $PM_{2.5}$ 质量浓度的 30% ～ 50%。SO_4^{2-} 和 NO_3^- 除来自于污染源一次排放外，主要由气体前体污染物 SO_2 和 NO_x 经过液相或气相氧化生成，而 SO_2 和 NO_x 则主要来自于化石燃料的燃烧和机动车尾气排放。NH_4^+ 主要由农业、畜牧业、养殖业和工业排放的 NH_3 经二次反应生成。Na^+ 主要来源于海洋飞沫、煤炭燃烧和土壤扬尘等，常被作为海盐的标识组分，在粗颗粒物和细颗粒物中的分布较为均匀。K^+ 来源于生物质燃烧、海盐和土壤扬尘等，通常被作为生物质燃烧的标识组分。Mg^{2+} 和 Ca^{2+} 均主要来源于土壤尘，主要分布在粗颗粒物中。Cl^- 的来源较为复杂，自然源包括海盐粒子、土壤扬尘等，人为源主要包括化石燃料燃烧、工业排放等。

含碳组分包括有机碳（Organic Carbon，OC）、元素碳（Elemental Carbon，EC）和碳酸盐（Carbonate Carbon，CC）。CC 的含量相对较低（<5%），且性质稳定。OC 包括一次有机碳（Primary Organic Carbon，POC）和二次有机碳（Secondary Organic Carbon，SOC）。POC 主要来源于化石燃料燃烧、生物质燃烧及机动车尾气等污染源的直接排放，而 SOC 则主要是通过大气中挥发性有机物（Volatile Organic Compounds，VOCs）经过光化学氧化作用形成，在低蒸气压下，二次反应产物经过冷凝压缩再次凝结到细颗粒物上。EC 主要来自于与燃烧有关的过程，是含碳燃料的不完全燃烧形成的产物。

元素组分主要包括地壳元素和微量元素，目前已发现的存在于颗粒物中的元素种类可达 70 余种。地壳元素包括 Si、Al、Fe、Ca、Mg、Ti 等，微量元素包括 Hg、Pb、As 等。这些无机元素的来源有水泥、冶金、海盐、机动车尾气、燃油、燃煤和土壤扬尘等。其中水泥为 Ca 的主要来源，冶金是 Cr、Cu、Zn、Fe 的来源，海盐是 Na、Cl 的主要来源，机动车尾气是 Ba、Pb、Ni 的来源，燃油是 Ni、Cu 的来源，燃煤是 As、Al、Ca、Cr、Cu、Fe、Mn、Ni、Pb、Si、Ti、Zn 等的来源，土壤扬尘是 Al、Ca、Cr、Fe、K、Mg、Mn、Na、Si、Ti 的来源。微量元素中含有许多危害人体健康的有害元素和重金属元素，它们都主要富集在细颗粒物中。如 Ni 主要来自于燃油，Pb 来源于有色金属冶炼排放和机动车燃油中的抗震剂，Se 主要来自于燃煤排放，Zn 主要来自于有色金属生产、垃圾焚烧、机动车刹车片磨损等过程。

1.1.2 颗粒物源解析研究

颗粒物源解析技术是指通过一定的化学、物理学、数学等方法定性或定量识别出大气颗粒物来源的方法，是科学、有效地制定大气颗粒物污染防治对策的基础工作和前提条件，是因地制宜、有所侧重地开展大气污染源治理的必然要求。大气颗粒物源解析方法主要包括源排放清单法、源模型法和受体模型法。

源排放清单法通过对各类污染源进行统计和调查，根据不同污染源类的活动水平和排放因子，建立污染源排放清单数据库，从而对不同源类的排放量进行估算，并以此作为依据定量识别出对大气污染物有贡献的主要排放源类。该方法操作简单，结果清晰，但存在活动水平数据难以获取、排放因子的不确定性大、开放源（如扬尘）和天然源的排放量难以估算等问题。

源模型法是基于污染源排放清单和气象数据，用数值模拟的方法模拟各种污染物在大气中的传输、扩散、化学转化以及沉降等过程，能够定量估算不同地区、不同类别污染源的排放对目标区域大气污染物的贡献。源模型解析不受观测点位的限制，可以得到不同空间上的源解析结果，也能够有效区分本地排放源和外来传输源的贡献。源模型主要受源排放清单不确定性大、边界层气象过程难以模拟以及大气化学过程较复杂等方面的影响。常用的源模型有 AERMOD、ADMS、CALPUFF、Models-3/CMAQ、CAMx、NAQPMS、WRF-Chem 等。

受体模型法是从受体角度出发，根据源和受体的物理化学特征，利用数学方法定量解析出各种已知污染源类对环境空气中颗粒物的贡献率，主要包括化学质量平衡模型法（Chemical Mass Balance，CMB）、正定矩阵因子分解法（Positive Matrix Factorization，PMF）、主成分分析法（Principal Component Analysis，PCA）、因子分析法（Factor Analysis，FA）和多元线性模型（UNMIX）。其中 CMB 模型由于物理意义明确、算法成熟，是应用较为广泛的一种模型。而因子分析法由于不需要输入本地源谱信息，同时减少了系统误差和主观意识，近年来得到了广泛的研究。

从 20 世纪 70 年代起，美国、日本等国家的学者就开始利用受体模型进行了大量的源解析研究，取得了较多成果。Perrone 等（2012）使用 CMB 模型对米兰（Milan）$PM_{2.5}$ 来源进行解析研究，发现机动车尾气和二次粒子是米兰 $PM_{2.5}$ 最主要的来源，在秋季和冬季，生物质燃烧的影响也较大。Aldabe 等（2011）用 PMF 模型对纳瓦拉（Navarra）$PM_{2.5}$ 和 PM_{10} 的来源进行解析研究，发现在市区采样点和交通密集区采样点共解析出 5 种主要来源，为土壤尘、二次硫酸盐、二次硝酸盐、机动车尾气以及海盐粒子；在郊区采样点共解析出 4 种主要来源，为土壤尘、二次硫酸盐、二次硝酸盐和海盐粒子。Tecer 等（2012）用 PMF 模型对土耳其宗古尔达克（Zonguldak）$PM_{2.5}$ 来源进行解析时，发现生物质燃烧和燃煤尘是宗古尔达克 $PM_{2.5}$ 的主要来源。Santoso 等（2011）使用 PMF 模型对印度尼西亚城市塞耳彭（Serpong）$PM_{2.5}$ 来源进行解析时，发现柴油车尾气（30%）、燃油和燃煤电厂（26%）、道路尘（17%）、生物质燃烧（15%）和铅工业（12%）为塞耳彭 $PM_{2.5}$ 的主要污染源。Yin 等（2010）用 CMB 模型对英国西米德兰都（West Midlands）市区 $PM_{2.5}$ 来源进行解析时，发现机动车尾气、二次硫酸盐和二次硝酸盐是西米德兰都市区 $PM_{2.5}$ 的主要来源。Mantas 等（2014）用 PMF 模型对地中海地区 $PM_{2.5}$ 来源进行解析研究，共解析出 7 种主要污染源，分别为机动车尾气、二次粒子、工业源、道路尘、生物质燃烧、海盐粒子以及来自撒哈拉沙漠的沙尘。

我国的颗粒物来源解析研究起步较晚，20 世纪 80 年代后期才开始进行源解析的相关研究，但也取得了一定的成绩。国内应用最为广泛的为 CMB 模型和 PMF 模型，$PM_{2.5}$ 的来源以二次源、煤烟尘、工业、机动车尾气和扬尘为主。北方地区二次源、机动车尾气、煤烟尘、扬尘、生物质燃烧和工业排放的比例分别为 22%±17%、17%±7%、17%±9%、10%±12%、8%±7%、8%±7%。南方地区二次源、机动车尾气、煤烟尘、扬尘、生物质燃烧和工业排放的比例分别为 32%±16%、22%±8%、5%±6%、6%±10%、7%±7%、10%±13%。南方地区二次源和机动车尾气的贡献分别比北方地区高 10 个百分点和 5 个百分点，而北方地区煤烟尘的贡献比南方地区高 12 个百分点。北方地区扬尘源的贡献也较高，这主要受强风以及北部沙漠和戈壁地区沙尘远距离传输的影响。

1.2 研究内容

本书在复合受体模型的基础上，将源模型的化学机制纳入受体模型，实现两者的有机耦合，构建颗粒物精细化源解析技术体系，以天津为示范城市，对天津市大气颗粒物来源全面系统研究，逐步建立支撑环境空气质量持续改善的技术方法和管理技术体系，服务于精细化防治和大气污染防治成效评估，服务于大气污染预警应急工作，服务于大气颗粒物源解析业务和技术体系建设。本书研究内容如下。

（1）建立天津市各类颗粒物排放源的 PM_{10} 和 $PM_{2.5}$ 源成分谱数据库。

在污染源普查、环境统计资料和现场调查的基础上，识别天津市主要颗粒物排放源类和二次前体物（SO_2、NO_x 和 VOCs 等）源类。采集不同源类排放颗粒物的样品，进行化学分析，构建天津市主要一次颗粒物排放源类的 PM_{10} 和 $PM_{2.5}$ 化学成分谱和二次颗粒物主要气态前体物排放源数据库。

（2）构建大气污染复合源解析模型技术体系。

基于复合受体模型，将源模型的化学机制纳入受体模型，实现两者的有机耦合，结合污染源排放清单，构建颗粒物精细化源解析技术体系，将一次颗粒物源类的贡献解析至子源类。

（3）开展天津市大气颗粒物精细化源解析。

基于源解析模型技术，结合天津市动态污染物排放源清单，在天津市开展 PM_{10} 和 $PM_{2.5}$ 精细化源解析，在前期研究的基础上，进一步加密监测点位，提高采样频次，捕捉重污染过程，研究天津市不同区域、不同季节及重污染过程中 PM_{10} 和 $PM_{2.5}$ 的化学组成特征，定量解析天津市不同季节及重污染过程中 PM_{10} 和 $PM_{2.5}$ 的各类来源贡献，直接服务于大气污染防治与相关监督监管工作，为科学制定大气污染防治方案提供依据。

（4）构建小尺度精细化颗粒物源解析方法体系，开展小区域颗粒物源解析。

在天津市颗粒物精细化源解析基础上，基于小尺度精细化污染源综合调查，利用小尺度数值模型，开展小区域颗粒物精细化源解析，评估区域内主要污染物污染特征，为小区域大气污染防治政策制定提供技术支撑。

第 2 章　社会经济发展与污染物排放特征

随着京津冀区域社会经济的快速发展和能源消耗的迅猛增加，大气污染呈现出显著的复合型污染特征，以霾和光化学烟雾为表征的 $PM_{2.5}$ 和 O_3 污染日益严重。天津位于北方京津冀城市群之中，是我国北方经济发展最快的城市之一，大气污染问题非常复杂，传统 SO_2、NO_x、PM_{10} 污染问题未得到根本解决。本章主要根据天津市工业总产值、能源消耗量、工业主要产品产量、人口数量以及交通发展等变化趋势，以及 2016 年天津市固定燃烧源、工艺过程源、扬尘源、道路移动源、非道路移动源、溶剂使用源、存储运输源、餐饮源、农业源、生物质燃烧源、废弃物处理源、天然源共 12 类大气污染源的排放清单进行综合分析。

2.1　工业、能源、人口、交通变化

2.1.1　工业总产值变化情况

随着天津市经济的快速发展，天津市工业总产值总体呈现上升趋势（如图 2-1 所示），由 2001 年的 3 367 亿元增加到 2015 年的 30 015 亿元，增幅达 791.4%。

2.1.2　能源消耗量变化情况

天津市能源消耗种类主要包括煤炭、焦炭、原油、燃料油、汽油、煤油、柴油、天然气及电力。2001—2015 年天津市各类能源消耗总量变化趋势如图 2-2 ～图 2-10 所示。从图中可以看出，煤炭、焦炭消耗量自 2001—2013 年整体呈波动式上升趋势，自 2013 年开始逐年下降；原油消耗量从 2010 年开始剧增，目前其年均消耗量稳定在 1 544 万 t 左右；燃料油消耗量总体上呈现先上升后下降趋势，2011 年达到

消费高峰 150 万 t 左右；由于天津市机动车保有量逐年上升，汽油消耗量也呈现波动上升的趋势，由 2002 年的 90 万 t 左右增加到 2015 年的 265 万 t 左右，增幅达 194.4%；煤油消耗量呈现逐渐上升的趋势，由 2001 年 10 万 t 左右增加到 2015 年的 63 万 t 左右，增幅达 530%；柴油消耗量在 2012 年达到最高值。2013 年降低后又缓慢上升；天然气、电力等清洁能源消耗呈井喷式增加，增幅分别为 814%、249%。

总体而言，天津市能源消耗结构逐年变化，天然气、电力等清洁能源消耗比重逐年增加，煤炭、焦炭等污染较重的能源消耗比重逐年降低。

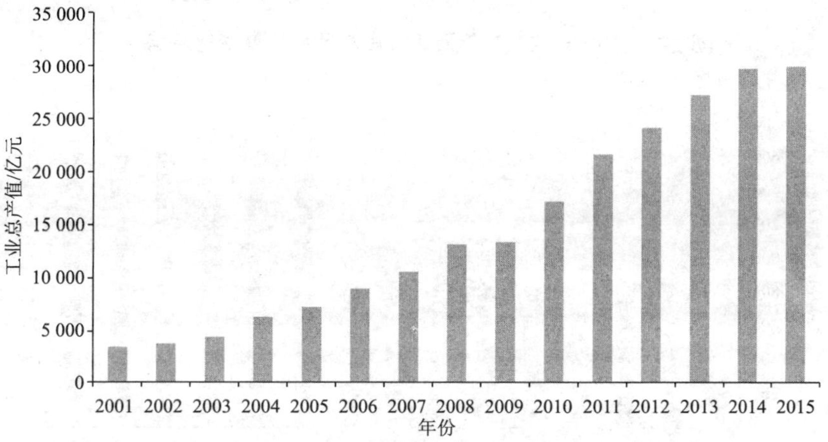

图 2-1　2001—2015 年天津市工业总产值变化趋势

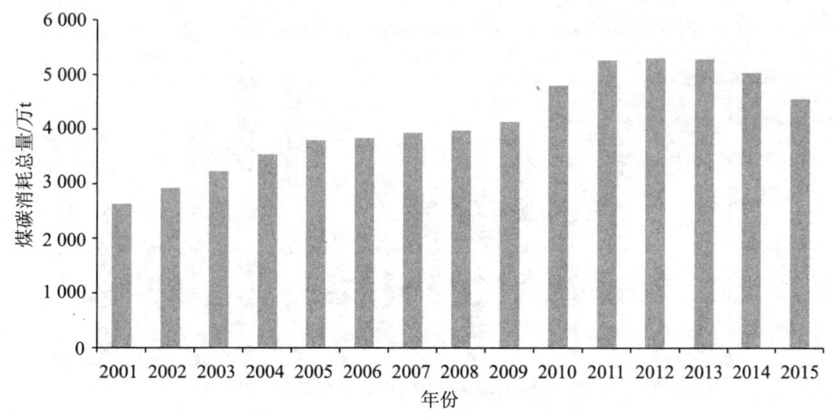

图 2-2　2001—2015 年天津市煤炭消耗总量变化趋势

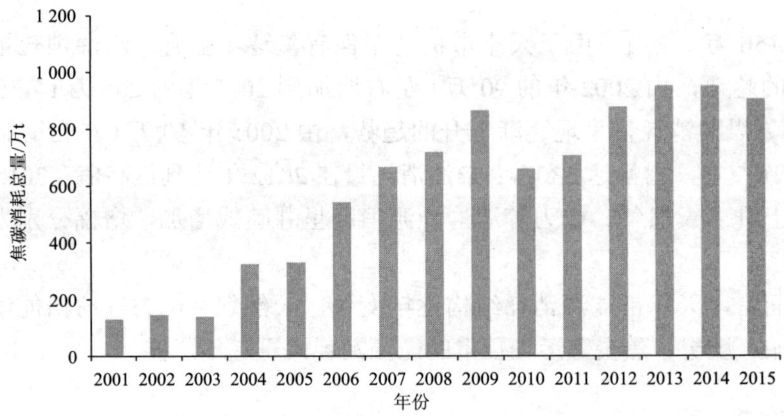

图 2-3 2001—2015 年天津市焦炭消耗总量变化趋势

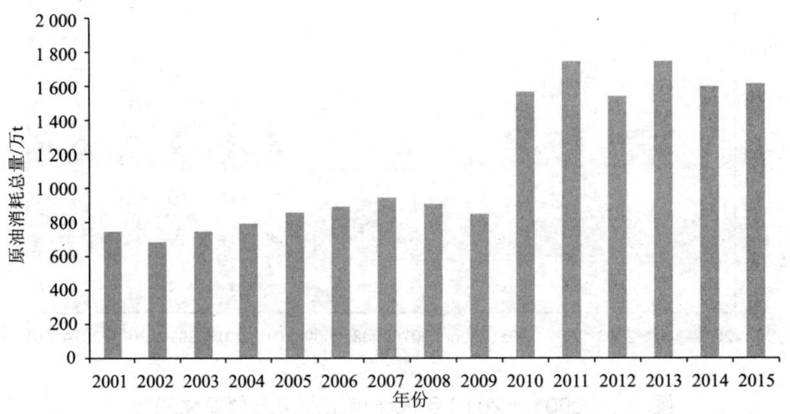

图 2-4 2001—2015 年天津市原油消耗总量变化趋势

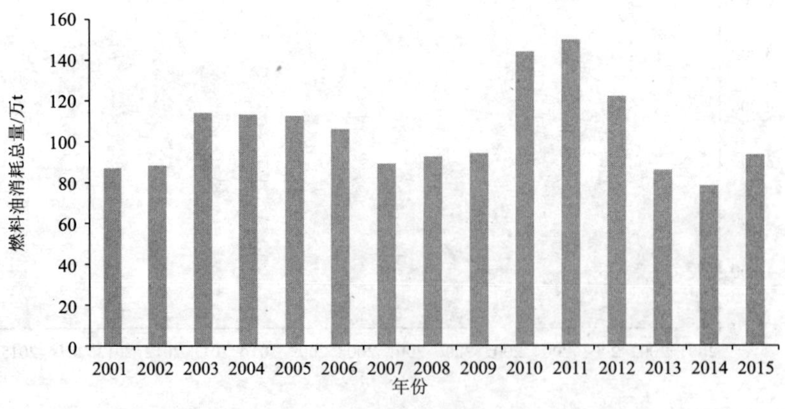

图 2-5 2001—2015 年天津市燃料油消耗总量变化趋势

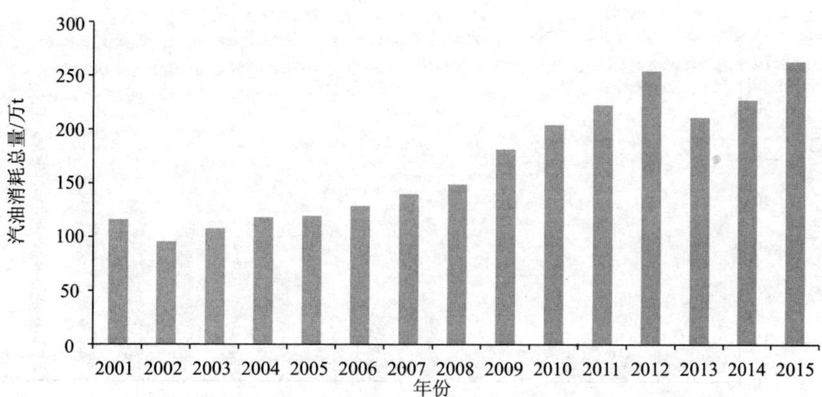

图 2-6　2001—2015 年天津市汽油消耗总量变化趋势

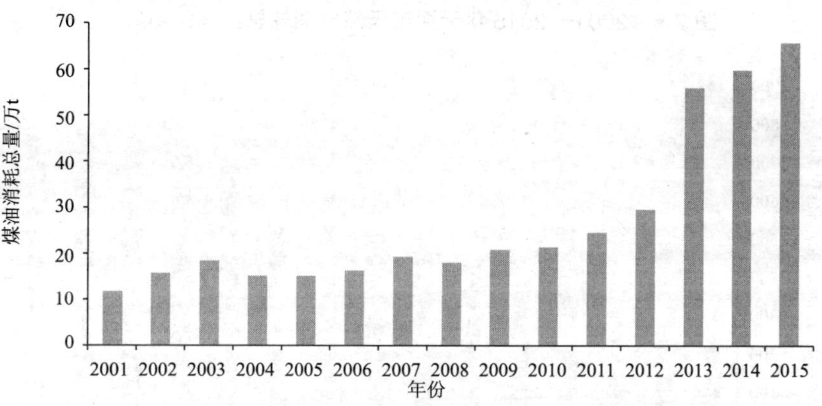

图 2-7　2001—2015 年天津市煤油消耗总量变化趋势

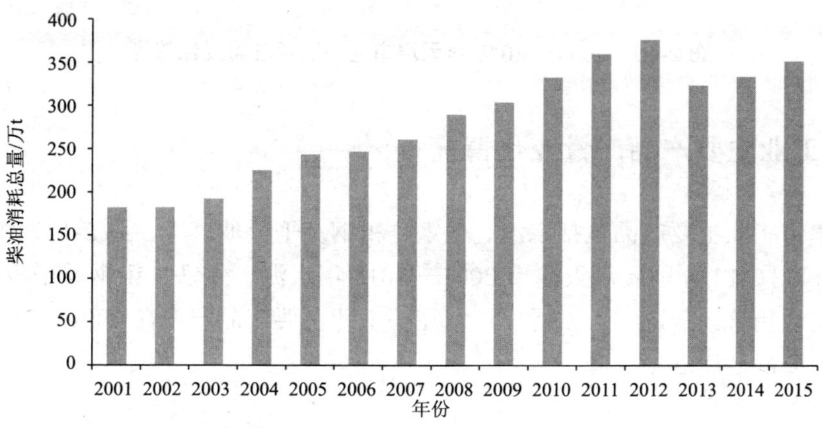

图 2-8　2001—2015 年天津市柴油消耗总量变化趋势

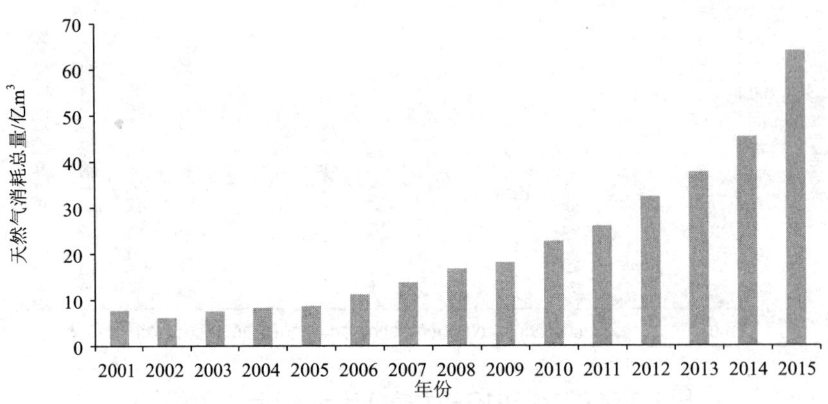

图 2-9　2001—2015 年天津市天然气消耗总量变化趋势

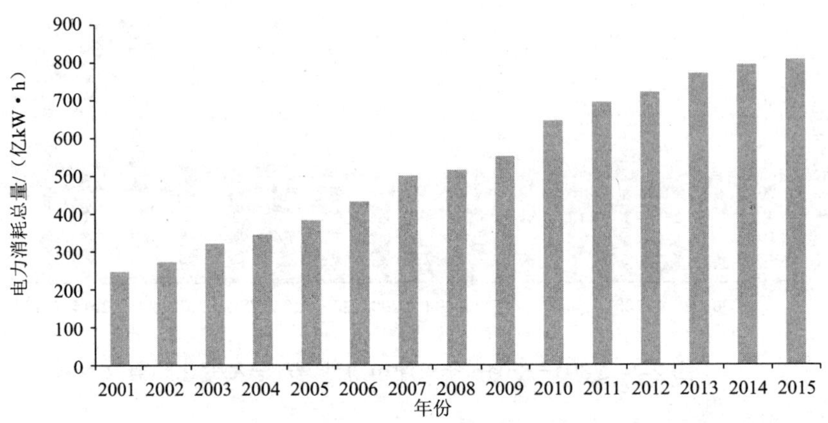

图 2-10　2001—2015 年天津市电力消耗总量变化趋势

2.1.3　工业主要产品产量变化情况

天津市工业主要产品包括水泥、生铁、粗钢及平板玻璃等。图 2-11、图 2-12、图 2-13 和图 2-14 分别展示天津市 2001—2015 年水泥、生铁、粗钢及平板玻璃产品产量变化趋势。从图中可以看出，水泥等工业主要产品产量在 2001—2013 年呈现上升趋势，之后逐年下降。

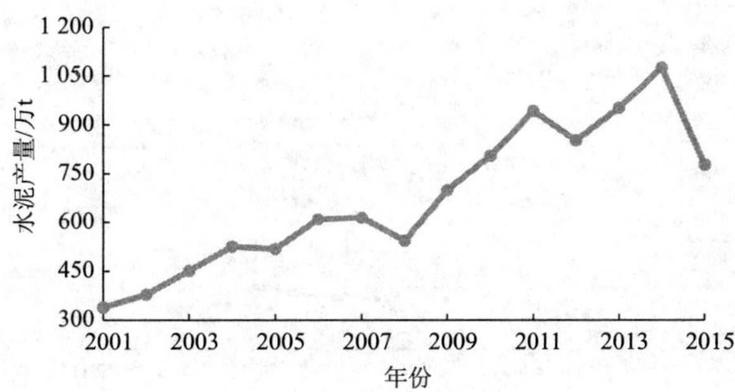

图 2-11　2001—2015 年天津市水泥产量变化趋势

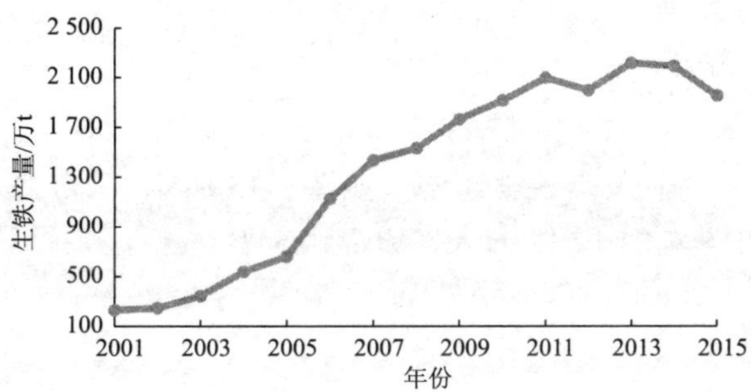

图 2-12　2001—2015 年天津市生铁产量变化趋势

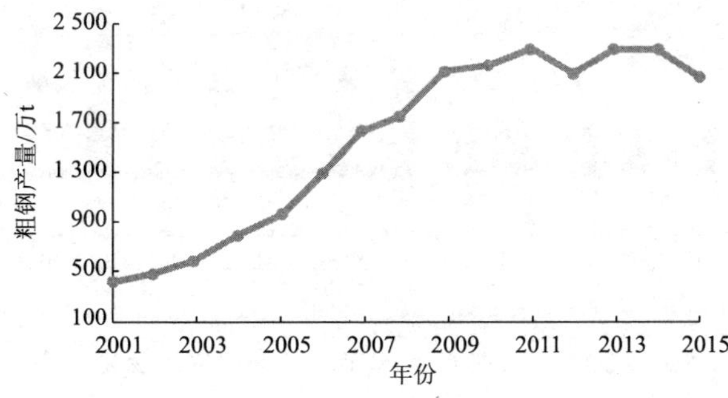

图 2-13　2001—2015 年天津市粗钢产量变化趋势

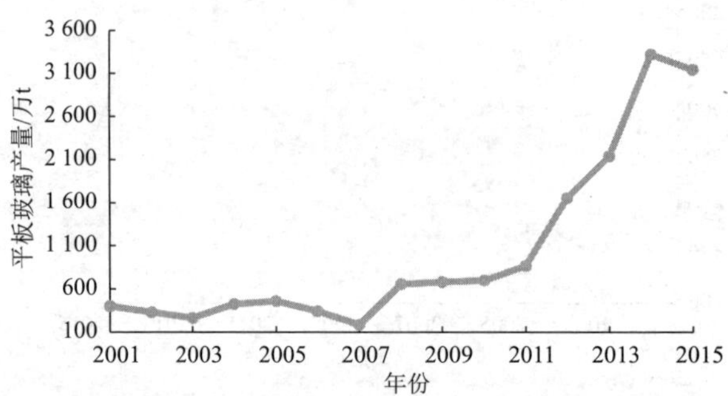

图 2-14 2001—2015 年天津市平板玻璃产量变化趋势

2.1.4 人口数量变化情况

2001—2015 年天津市人口逐年递增（如图 2-15 所示），常住人口由 2001 年的 1 004 万人增至 2015 年的 1 547 万人，增幅达 54% 左右。

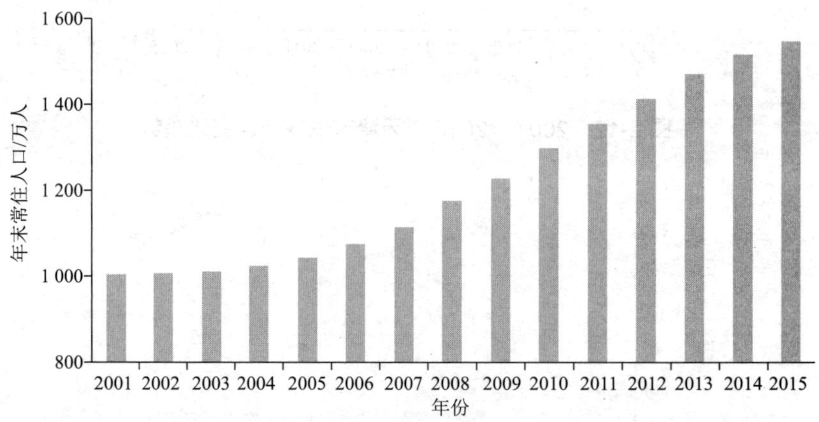

图 2-15 2001—2015 年天津市常住人口总量变化趋势

2.1.5 交通发展情况

随着天津市经济的快速发展，天津市机动车保有量也呈现井喷式增长趋势（如图 2-16 所示），机动车保有量由 2001 年的 84 万辆增加到 2015 年的 285 万辆，增幅为 239.3%。

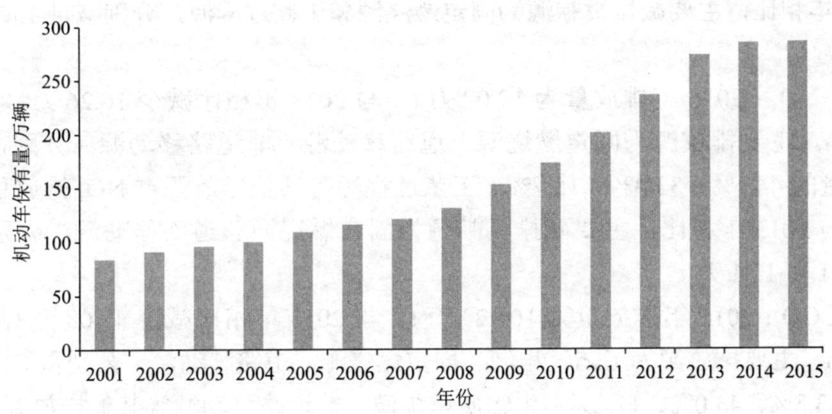

图 2-16　2001—2015 年天津市机动车保有量变化趋势

2.2　天津市大气污染物排放特征

2.2.1　污染物排放总量及年际变化

2016 年天津市大气污染物排放清单核算结果（如表 2-1 所示）和与 2013 年的对比（如表 2-2 所示）见下。

（1）PM_{10}：2016 年排放量为 16.05 万 t，与 2013 年相比减少 9.05 万 t，减少了 36.0%。主要排放源为扬尘源、固定燃烧源、工艺过程源，分别占 PM_{10} 排放总量的 42.9%、26.3%、24.5%；餐饮源、道路移动源等其他排放源占 PM_{10} 排放总量的 6.3%；与 2013 年相比，主要减排贡献源为扬尘源和工艺过程源，分别减排 6.46 万 t 和 1.72 万 t。

（2）$PM_{2.5}$：2016 年排放量为 7.68 万 t，与 2013 年相比减少 3.38 万 t，减少了 30.5%。主要排放源为固定燃烧源、工艺过程源、扬尘源，分别占 $PM_{2.5}$ 排放总量的 37.6%、29.7%、21.1%；餐饮源、道路移动源等其他排放源占 $PM_{2.5}$ 排放总量的 11.6%；与 2013 年相比，主要减排贡献源为扬尘源和工艺过程源，分别减排 1.28 万 t 和 1.19 万 t。

（3）SO_2：2016 年排放量为 9.32 万 t，与 2013 年相比减少 16.62 万 t，减少了 64.1%。主要排放源为固定燃烧源、工艺过程源、非道路移动源，分别占 SO_2 排放总量的 48.1%、38.0%、13.3%；道路移动源等其他排放源占 SO_2 排放总量的 0.6%；

与 2013 年相比，主要减排贡献源为固定燃烧源和工艺过程源，分别减排 13.70 万 t 和 2.25 万 t。

（4）NO_x：2016 年排放量为 19.07 万 t，与 2013 年相比减少 16.26 万 t，减少了 46.0%。主要排放源为固定燃烧源、道路移动源、非道路移动源，分别占 NO_x 排放总量的 44.1%、33.4%、15.7%；工艺过程源等其他排放源占 NO_x 排放总量的 6.8%；与 2013 年相比，主要减排贡献源为固定燃烧源和道路移动源，分别减排 14.58 万 t 和 1.31 万 t。

（5）CO：2016 年排放量为 105.23 万 t，与 2013 年相比减少 42.08 万 t，减少了 28.6%。主要排放源为工艺过程源、固定燃烧源、道路移动源，分别占 CO 排放总量的 43.3%、43.0%、11.2%；生物质燃烧源、非道路移动源等其他排放源占 CO 排放总量的 2.5%；与 2013 年相比，主要减排贡献源为工艺过程源和道路移动源，分别减排 25.52 万 t 和 18.23 万 t；固定燃烧源 CO 排放量增加了 2.47 万 t。

（6）VOCs：2016 年排放量为 30.09 万 t，与 2013 年相比增加 5.84 万 t，增加了 24.1%。主要排放源为工艺过程源、溶剂使用源、天然源、固定燃烧源、道路移动源，分别占 VOCs 排放总量的 43.3%、31.0%、8.3%、6.1%、5.0%；生物质燃烧源等其他排放源占 VOCs 排放总量的 6.3%；与 2013 年相比，道路移动源减排 1.68 万 t；溶剂使用源排放量增加了 6.00 万 t，主要原因为 2016 年的排放源清单较 2013 年增加了沥青铺路、建筑物表面涂装等非工业溶剂源类的统计，工业溶剂使用源活动水平获取量也较 2013 年有所增加。

（7）NH_3：2016 年排放量为 6.18 万 t，与 2013 年相比增加 0.98 万 t，增加了 18.9%。主要排放源为农业源、废弃物处理源，分别占 NH_3 排放总量的 91.1%、8.6%；生物质燃烧源等其他排放源占 NH_3 排放总量的 0.3%；与 2013 年相比，工艺过程源 NH_3 排放量减少 0.06 万 t；农业源和废弃物处理源排放量分别增加了 0.62 万 t 和 0.42 万 t，主要原因为 2016 年的排放清单中相关活动水平获取量增加。

表 2-1　2016 年天津市大气污染源排放清单核算结果　　单位：t

污染物 污染源	PM_{10}	$PM_{2.5}$	VOCs	CO	NH_3	SO_2	NO_x	BC	OC
固定燃烧源	42 155	28 871	18 281	452 686	—	44 809	84 153	3 188	5 132
工艺过程源	39 353	22 807	130 291	455 993	32	35 432	12 481	1 161	2 480
扬尘源	68 923	16 206	—	—	—	—	—	784	886
道路移动源	2 343	2 127	15 011	117 651	—	124	63 598	305	1 027
非道路移动源	1 484	1 361	2 545	6 280	—	12 391	29 935	445	682

污染源＼污染物	PM_{10}	$PM_{2.5}$	VOCs	CO	NH_3	SO_2	NO_x	BC	OC
溶剂使用源	—	—	93 372	—	—	—	—	—	—
存储运输源	—	—	10 085	—	—	—	—	—	—
餐饮源	3 557	2 845	2 490	—	—	—	—	58	1 991
农业源	—	—	—	—	56 280	—	—	—	—
生物质燃烧源	1 867	1 764	1 889	19 729	125	320	326	175	407
废弃物处理源	855	794	2 037	—	5 326	128	202	1	31
天然源	—	—	24 874	—	—	—	—	—	—
总排放量	160 537	76 775	300 875	1 052 339	61 763	93 204	190 695	6 117	12 636

注：—表示无数据。

表 2-2　2016 年与 2013 年大气污染源排放对比　单位：t

污染物＼年份	2013	2016	变化量	变化率 /%
PM_{10}	250 987	160 537	−90 450	−36.0
$PM_{2.5}$	110 528	76 775	−33 753	−30.5
VOCs	242 439	300 875	58 436	24.1
CO	1 473 170	1 052 339	−420 831	−28.6
NH_3	51 924	61 763	9 839	18.9
SO_2	259 365	93 204	−166 161	−64.1
NO_x	353 333	190 695	−162 638	−46.0
BC	11 950	6 117	−5 833	−48.8
OC	20 549	12 636	−7 913	−38.5

注：负数表示降低，正数表示增加。

2.2.2　不同大气污染源排放量

（1）固定燃烧源。

固定燃烧源包括发电、供热、工业企业和民用燃烧 4 种类型。2016 年天津市固定燃烧源 NO_x、SO_2 排放量分别为 8.4 万 t 和 4.5 万 t，VOCs、CO 的排放量分别为 1.8 万 t 和 45.3 万 t，PM_{10} 和 $PM_{2.5}$ 的排放量分别为 4.2 万 t 和 2.9 万 t，如表 2-3 所示。

表 2-3　固定燃烧源排放清单　单位：t

污染物 污染源类别	PM_{10}	$PM_{2.5}$	VOCs	CO	NH_3	SO_2	NO_x	BC	OC
电力部门	753	670	7 596	53 168	—	3 364	8 927	74	119
供暖部门	5 999	3 976	1 448	45 343	—	12 497	32 455	439	707
工业生产部门	16 523	9 631	3 735	140 833	—	22 429	39 442	1 063	1 712
民用燃烧	18 880	14 594	5 502	213 342	—	6 519	3 329	1 612	2 594
合计	42 155	28 871	18 281	452 686	—	44 809	84 153	3 188	5 132

（2）工艺过程源。

工艺过程源涵盖了石油化工、钢铁工艺等门类下的 19 个行业，根据各行业产品产量核算。工艺过程源的 NO_x、SO_2 和 VOCs 排放量分别为 1.2 万 t、3.5 万 t 和 13.0 万 t，PM_{10} 和 $PM_{2.5}$ 的排放量分别为 3.9 万 t 和 2.3 万 t，如表 2-4 所示。

表 2-4　工艺过程源排放清单　单位：t

污染物 污染源类别	PM_{10}	$PM_{2.5}$	VOCs	CO	NH_3	SO_2	NO_x	BC	OC
纺织服装、服饰	—	—	307	—	—	—	—	—	—
纺织业	—	—	682	—	—	—	—	—	—
非金属矿物制品	3 835	1 705	8 405	20 883	—	3 138	2 501	28	33
黑色金属冶炼和压延加工业	27 256	18 217	5 961	377 944	—	11 603	4 696	624	1 685
化学纤维制造业	—	—	247	—	—	—	—	—	—
化学原料和化学制品制造业	3	2	27 790	—	32	—	—	0	1
家具制造业	3	7	0	—	—	—	—	1	2
酒、饮料和精制茶制造业	—	—	1 819	—	—	—	—	0	0
农副食品加工业	12	2	13 277	—	—	—	—	—	1
皮革、毛皮、羽毛及其制品和制鞋业	—	—	27	—	—	—	—	—	0
其他制造业	—	—	8	—	—	—	—	—	—
石油天然气开采	35	29	697	—	—	—	—	5	8
石油加工、炼焦和核燃料加工业	84	50	38 527	1 536	—	5 885	376	9	13

污染源类别＼污染物	PM_{10}	$PM_{2.5}$	VOCs	CO	NH_3	SO_2	NO_x	BC	OC
食品制造业	1	—	811	—	—	—	—	—	—
橡胶和塑料制品	—	—	30 638	—	—	—	—	—	—
医药制造业	1	—	286	—	—	—	—	—	—
有色金属冶炼和压延加工业	15	13	0	—	—	—	—	2	3
造纸和纸制品业	—	—	158	—	—	288	—	—	—
“散乱污”	8 108	2 782	651	55 630	—	14 518	4 908	492	734
合计	39 353	22 807	130 291	455 993	32	35 432	12 481	1 161	2 480

（3）扬尘源。

扬尘源包括土壤扬尘、道路扬尘、施工扬尘和堆场扬尘。扬尘源的 PM_{10} 和 $PM_{2.5}$ 排放量分别为 6.9 万 t 和 1.6 万 t，其中道路扬尘贡献突出，如表 2-5 所示。

表 2-5　扬尘源排放清单　单位：t

污染源类别＼污染物	PM_{10}	$PM_{2.5}$	BC	OC
土壤扬尘	18 105	3 641	28	39
道路扬尘	22 471	6 524	137	141
施工扬尘	19 230	3 925	108	151
堆场扬尘	9 117	2 116	511	555
合计	68 923	16 206	784	886

（4）移动源。

移动源分道路移动源和非道路移动源。道路移动源的 NO_x、SO_2 排放量分别为 6.4 万 t 和 0.01 万 t，VOCs 和 CO 的排放量分别为 1.5 万 t 和 11.8 万 t，PM_{10} 和 $PM_{2.5}$ 的排放量均约为 0.2 万 t（其中载货汽车贡献占比高），如表 2-6 所示。非道路移动源的 NO_x、SO_2 排放量分别为 3.0 万 t 和 1.2 万 t，VOCs 和 CO 的排放量分别为 0.3 万 t 和 0.6 万 t，PM_{10} 和 $PM_{2.5}$ 的排放量均约为 0.1 万 t，如表 2-7 所示。

表 2-6 道路移动源排放清单

单位：t

污染源类别 \ 污染物	PM_{10}	$PM_{2.5}$	VOCs	CO	NH_3	SO_2	NO_x	BC	OC
载客汽车	746	689	11 558	88 182	—	72	16 395	99	333
载货汽车	1 596	1 437	3 447	29 112	—	51	47 184	206	694
摩托车	1	1	6	357	—	1	19	0	0
合计	2 343	2 127	15 011	117 651	—	124	63 598	305	1 027

表 2-7 非道路移动源排放清单

单位：t

污染源类别 \ 污染物	PM_{10}	$PM_{2.5}$	VOCs	CO	NH_3	SO_2	NO_x	BC	OC
工程机械	250	250	405	1 280	—	84	3 916	124	113
农业机械	216	216	418	1 358	—	87	4 351	107	98
船舶	850	773	1 383	2 726	—	12 182	17 632	142	398
铁路内燃机	134	89	170	340	—	38	3 010	66	61
民航飞机	34	33	169	576	—	—	1 026	6	12
合计	1 484	1 361	2 545	6 280	—	12 391	29 935	445	682

（5）溶剂使用源。

溶剂使用源包括工业溶剂使用、建筑涂料、沥青铺路等。溶剂使用源排放的污染物主要为 VOCs，共排放 9.3 万 t，如表 2-8 所示。

表 2-8 溶剂使用源排放清单

单位：t

污染源类别	VOCs	污染源类别	VOCs
工业溶剂使用	75 524	医院溶剂使用	2 349
干洗店	185	建筑涂料	5 474
汽修店	164	去污脱脂	681
家庭溶剂	2 228	沥青铺路	4 694
农药使用	2 074	合计	93 372

（6）存储运输源。

存储运输源的污染物主要为 VOCs，共排放 1.0 万 t，如表 2-9 所示。

表 2-9　存储运输源排放清单　单位：t

污染源类别	VOCs
汽油加油站	5 586
柴油加油站	233
原油存储	4 266
合计	10 085

（7）餐饮源。

餐饮源的 VOCs 排放量为 0.2 万 t，PM_{10} 和 $PM_{2.5}$ 的排放量分别为 0.4 万 t 和 0.3 万 t，如表 2-10 所示。

表 2-10　餐饮源排放清单　单位：t

污染源类别	PM_{10}	$PM_{2.5}$	VOCs	BC	OC
餐饮源	3 557	2 845	2 490	58	1 991

（8）农业源。

农业源包括畜禽养殖、氮肥施用、土壤本底、秸秆堆肥、固氮植物、人体粪便。农业源的 NH_3 排放量为 5.6 万 t，如表 2-11 所示。

表 2-11　农业源排放清单　单位：t

污染源类别	NH_3
畜禽养殖	35 481
氮肥施用	17 624
土壤本底	970
秸秆堆肥	75
固氮植物	9
人体粪便	2 121
合计	56 280

（9）生物质燃烧源。

生物质燃烧源包括户用燃烧、露天焚烧和森林火灾，生物质燃烧源的 VOCs 排放量为 0.2 万 t，PM_{10} 和 $PM_{2.5}$ 的排放量均约为 0.2 万 t，如表 2-12 所示。

表 2-12 生物质燃烧源排放清单 单位：t

污染源类别＼污染物	PM_{10}	$PM_{2.5}$	VOCs	CO	NH_3	SO_2	NO_x	BC	OC
户用燃烧	1 311	1 219	1 346	16 430	93	278	116	121	281
露天焚烧	556	545	543	3 299	32	42	210	54	126
森林火灾	—	—	—	3	—	—	—	—	—
合计	1 867	1 764	1 889	19 729	125	320	326	175	407

（10）废弃物处理源。

废弃物处理源的 VOCs 和 NH_3 排放量分别为 0.2 万 t 和 0.5 万 t，PM_{10} 和 $PM_{2.5}$ 的排放量分别为 0.09 万 t 和 0.08 万 t，如表 2-13 所示。

表 2-13 废弃物处理源排放清单 单位：t

污染源类别＼污染物	PM_{10}	$PM_{2.5}$	VOCs	CO	NH_3	SO_2	NO_x	BC	OC
废弃物处理源	855	794	2 037	—	5 326	128	202	1	31

（11）天然源。

天然源主要为植被，包括旱田、水田、草地、灌木林、阔叶林、针叶林和针阔混交林。天然源主要排放 VOCs，共排放 2.5 万 t。

2.3 本章小结

2001—2015 年，天津市工业产值呈显著上升趋势，增幅达 791.4%。能源消耗结构逐年变化表现为天然气、电力等清洁能源消耗比重逐年增加，煤炭、焦炭等污染较重的能源消耗比重逐年降低。水泥等工业主要产品产量 2001—2013 年呈现上升趋势，之后逐年下降。机动车保有量由 2001 年的 84 万辆增加到 2015 年的 285 万辆，增幅为 239.3%。

2001—2015 年，天津市人口增幅达 54% 左右，能源结构发生显著变化，燃煤等重污染能源消耗降低，天然气、电力等清洁能源消耗上升，机动车的影响上升，人口、产业结构等变化，使得污染形势随之改变，较粗颗粒物有明显改善，细颗粒物影响也呈下降态势，以氮氧化物、臭氧等为主的气态污染物的影响越来越突出。

第 3 章　污染气象特征分析

天津市位于北纬 38°34' ～ 40°15'、东经 116°43' ～ 118°04'，地处太平洋西岸环渤海湾边，中纬度欧亚大陆东岸。面对太平洋，季风环流影响显著。冬季受蒙古冷高气压控制，盛行偏北风；夏季受西太平洋副热带高气压影响，多偏南风。天津气候属暖温带半湿润大陆季风型气候，有明显由陆到海的过渡特点：四季明显，长短不一；降水不多，季节分配不均；季风显著，日照较足；地处滨海，大陆性强。

本章采用环境空气各项污染物的监测资料以及同期气象资料，分析气象特征与空气质量的关系，研究污染气象成因及污染物传输规律。从地面天气形势、风向、风速、相对湿度、混合层高度等几个方面进行分析，深入探讨污染气象特征和环境空气质量之间的规律。

3.1　地理概况

天津市位于中纬度欧亚大陆的东部、太平洋西岸，主要受季风环流支配（渤海湾三面环陆，属于半封闭内海海湾，但水体较小，对天津气候影响不大)，是东亚季风盛行的地区，属温带季风气候。冬季、夏季分别受蒙古高压和副热带高压与冷空气交替影响，仍属于大陆性气候。四季分明，春季多风，干旱少雨；夏季炎热，雨水集中；秋季气爽，冷暖适宜；冬季严寒，干旱少雨。温度适宜，日差较小，无霜期长，全市累年平均气温为 11.8℃，市区平均气温最高为 12.9°C。1 月最冷，平均气温在 −5 ～ −3°C；7 月最热，平均气温在 26 ～ 27°C。天津平均无霜期为 196 ～ 246 天，最长无霜期为 267 天，最短无霜期为 171 天。在四季中，冬季最长，有 156 ～ 167 天；夏季次之，有 87 ～ 103 天；春季 56 ～ 61 天；秋季最短，仅为 50 ～ 56 天。全年 10℃气温以上的天数（春季、夏季、秋季）为 205 天。

天津年平均降水量为 520 ～ 660 mm，降水日数为 63 ～ 70 天。在地区分布上，山地多于平原，沿海多于内地。在季节分布上，6 月、7 月、8 月 3 个月降水量占全年的 75% 左右。天津日照时间较长，年日照时数为 2 500 ～ 2 900 h。

天津季风盛行，冬季、春季风速最大，夏季、秋季风速最小。年平均风速为 2 ～ 4 m/s，多为西南风。全市累计年平均风速为 3.1 m/s，汉沽区累计年平均风速为 3.7 m/s，塘沽区累计年平均风速为 4.6 m/s。全市累计年平均湿度为 66.3%，汉沽区累计年平均湿度为 65%，塘沽区累计年平均湿度为 66%。

3.2 地面天气形势

天气形势决定总体的气象要素组合，是风向、风速、相对湿度、混合层高度等各气象要素配置的决定性因素。在污染源正常排放的情况下，不同的天气形势会形成不同的污染状况。

统计研究表明，均压场、冷锋前、华北小低压、低压带、华北地形槽、弱高压这几种天气形势对应于较高的污染物浓度，是不利于污染物稀释、扩散的天气形势，在这几种天气形势下，环境空气中的污染物往往因为累积效应，在较短时间内出现浓度明显上升态势。

（1）均压场：气压场分布较均匀，地面风力微弱或静风，无明显天气系统控制，或处于对称的两个高压、两个低压间（鞍形场）。这种静稳的天气形势一般持续时间较长，易造成污染物持续累积。

（2）冷锋前：未来一两天内有冷锋过境，目前处于低压系统或弱气压场内。随着冷锋过境影响，空气质量将得到迅速改善。

（3）华北小低压：华北地区气压场弱，天津附近出现小范围闭合低压。这种情况极易造成污染物在局地短时间内迅速累积，空气质量与周边城市形成鲜明对比。

（4）低压带：天津位于两个高压之间的低压辐合带中，风场弱。或由高压变性形成的低压倒槽。处于辐合带中的地区一般空气质量整体较差。

（5）华北地形槽：天津位于变性高压中，由于高压系统减弱，受地形影响，等压线在天津以西出现 L 形弯曲，风向偏西。由于地形槽的出现，风向由偏北转为偏西，不利于空气质量的改善。

（6）弱高压：高压中心分裂，形势场弱，天津处于其中心或边缘。这种形势风场较弱，但垂直扩散条件较好，污染物积累速度相对较慢。

3.3　风向、风速

3.3.1　风向

地面天气形势直接决定地面的风向、风速。气压类型在一定程度上决定风向，气压场强度决定风速的大小，弱气压场对应较小风速，强气压场对应较大风速。风向、风速对污染物的扩散、传输起着重要作用。

（1）年度变化。

天津市属于典型的季风性气候，夏季盛行偏南风、冬季盛行偏北风。统计天津市 2013—2016 年累计和各年的日风向、风速，结果表明天津近年风向主要以西北风、西南风和东南风为主（如图 3-1 和图 3-2 所示）。其中，西南风主要以较弱风力（1.5 ～ 3.0 m/s）为主，容易造成西南部区域污染传输，对扩散不利。海上相对清洁空气主要来自东南沿海，对天津市而言，东南风相对有利。冬季天津市盛行西北风，风力较大，通常在 3.0 m/s 以上，冬季西北部冷空气对天津市空气质量改善十分有利。从各年变化看，较弱的西南风（SSW 和 SW）（1.5 ～ 3.0 m/s）出现频率整体较为稳定，在 1/3 左右。其余风向、风速则有年际明显差异。

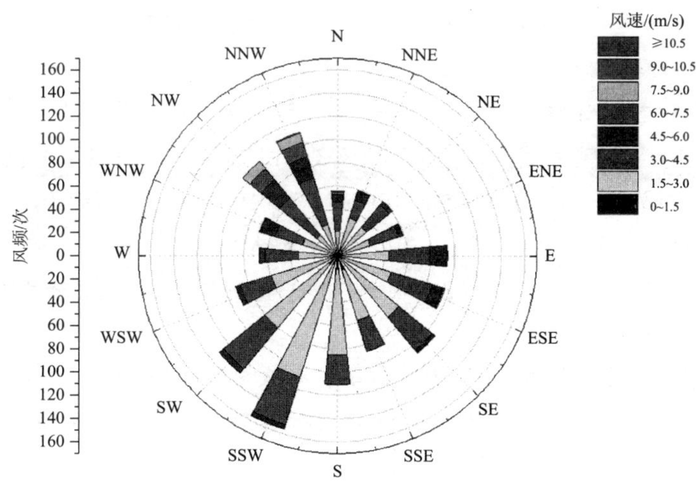

图 3-1　2013—2016 年天津市风玫瑰图

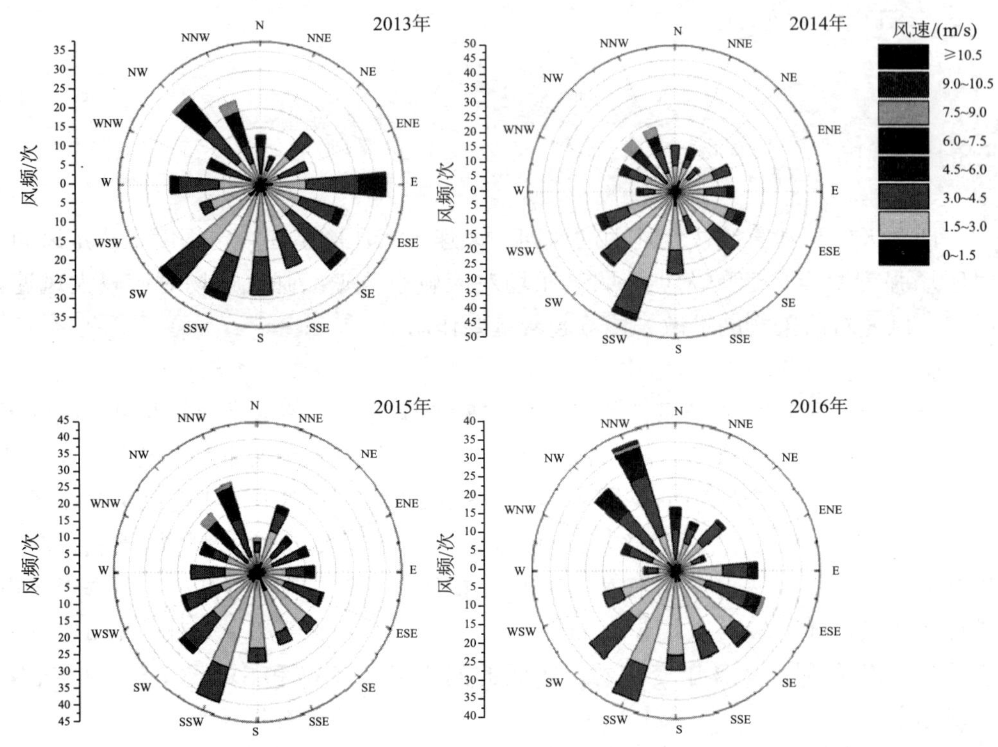

图 3-2　2013—2016 年各年度风玫瑰图

（2）四季变化。

从四季变化看（如图 3-3 所示），天津市春季风力明显高于其他季节风力，以 3.0 ～ 4.5 m/s 的西南风为主，较强的西北风（4.5 ～ 6.0 m/s 及以上）也有一定分布；夏季多以东南风为主，风力以 1.5 ～ 3.0 m/s 为主，较春季明显偏弱；秋季风向与春季类似，多以西南风为主，但风力较弱，与夏季相当，同时较强的东北风也有一定分布；冬季较强的西北风（3.0 m/s 以上）明显偏多，成为季节主导风向，其余方向风频分布较均匀。

综合来看，天津市四季风向分明：春季、秋季西南风为主，夏季盛行东南风，冬季盛行西北风，春季、冬季风速相对偏大，夏季、秋季风速偏小。

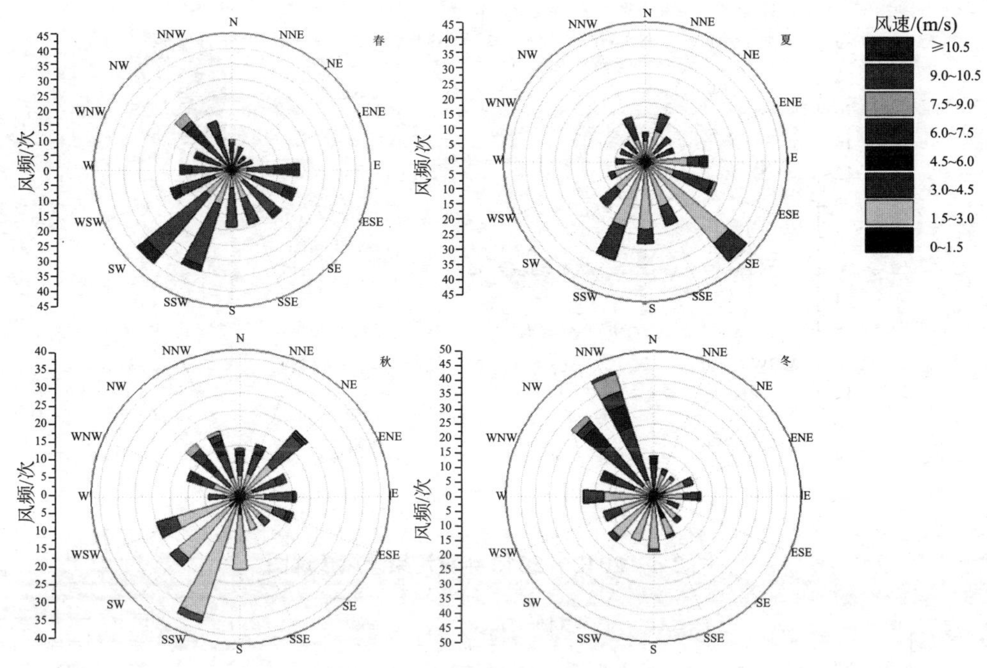

图3-3 2013—2016年天津市四季风玫瑰图

（3）重污染天。

统计2013—2016年重污染天（AQI指数大于200；其中，2013年重污染49天，2014年34天，2015年26天，2016年29天）风向、风速特征（如图3-4所示），发现：①冬季发生重污染时，风速偏小，3.0 m/s以下风的天数占重污染天数的88.4%，较大风速有利于污染物的稀释和扩散，而较小风速易造成污染物的累积，形成重污染。②重污染天大多出现在西南风、南风或偏西风下，占重污染天数的50%以上。③西北风较大风速上（4.5～6.0m/s）存在个别重污染现象，可能与冷空气到来之际上游城市短时输送有关。

从各年度重污染天风向、风速分布（如图3-5所示）来看，各年重污染天均以西南风为主，除此之外，弱偏东风和偏西风下也伴随重污染。

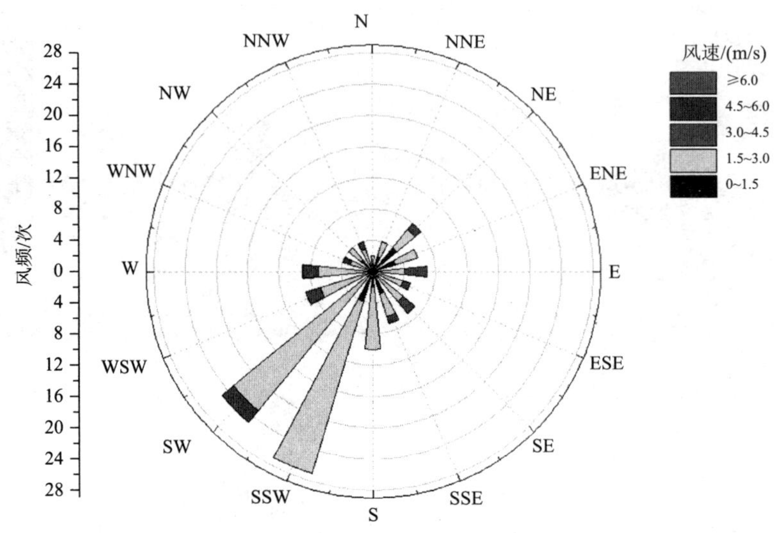

图 3-4　2013—2016 年重污染天风玫瑰图

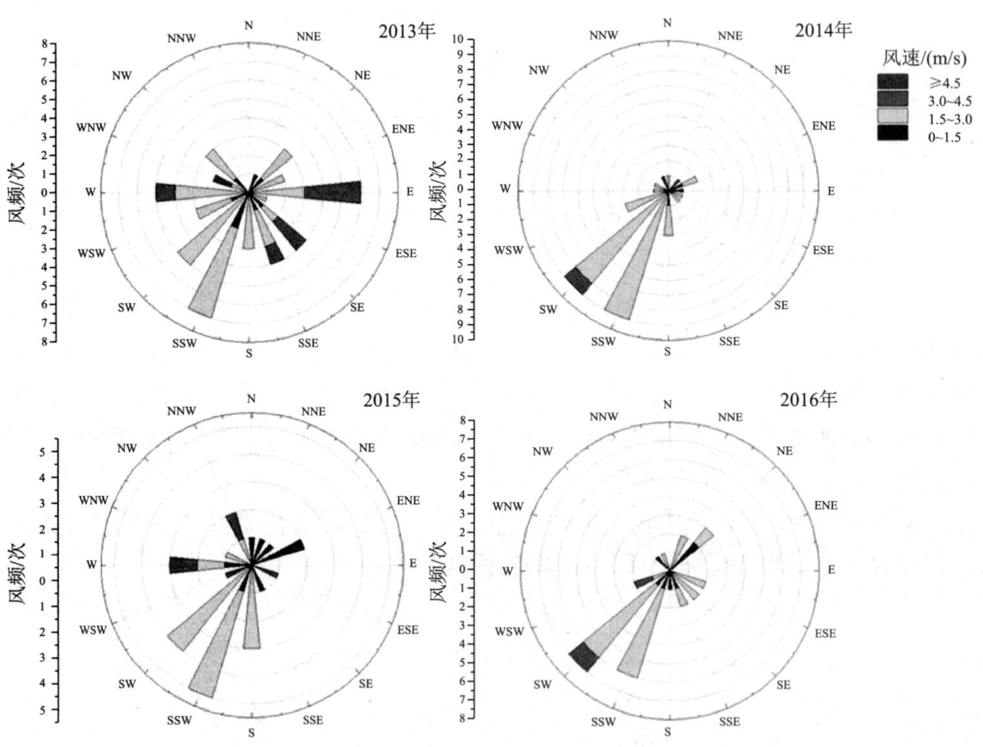

图 3-5　2013—2016 年各年度重污染天风玫瑰图

3.3.2　风速

对 2013—2016 年各月平均风速分析，发现天津市月平均风速在 2.5 m/s 以上（如图 3-6 所示）。全年风速最高出现在 4—5 月，平均在 3.8 m/s 以上，春季天津市干燥多风，极易造成沙尘影响；风速最低出现在 7—9 月。需要指出的是，2015 年以来，天津市 12 月风速明显下降，2016 年达近年最低水平，仅为 2.3 m/s。风速较低，伴随雾霾频发，是导致天津市 12 月污染物浓度明显升高的重要原因之一。

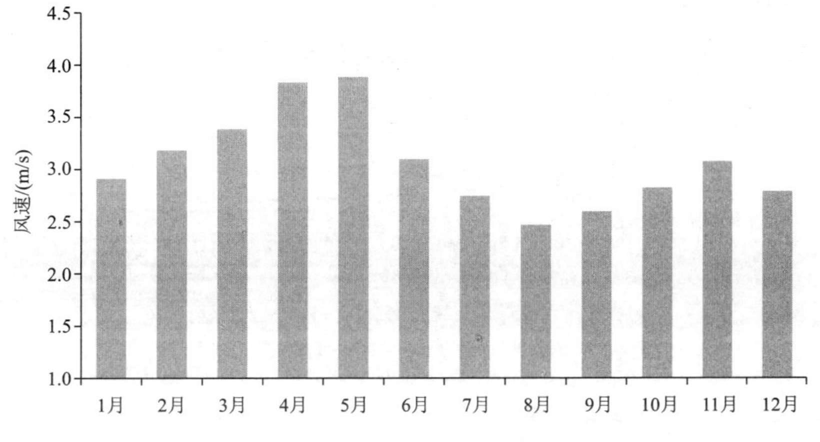

图 3-6　2013—2016 年各月平均风速

对各年 $PM_{2.5}$ 质量浓度与风速相关性分析，发现二者呈明显的负相关（如图 3-7 所示），相关系数 R 在 0.47 ～ 0.55 之间。风速小于 2 m/s 时，对应 $PM_{2.5}$ 质量浓度通常大于 200 μg/m³，重污染天气下尤其明显。

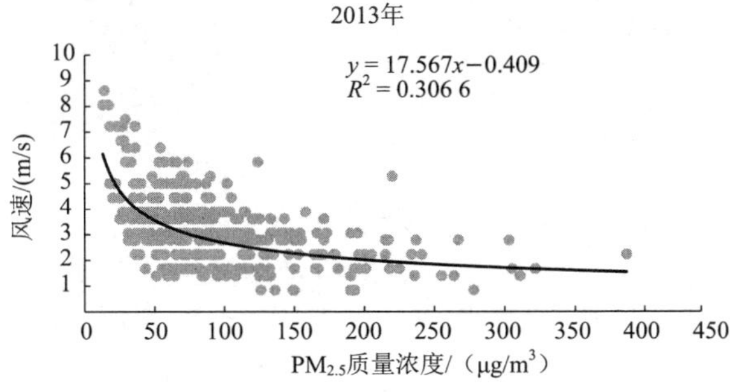

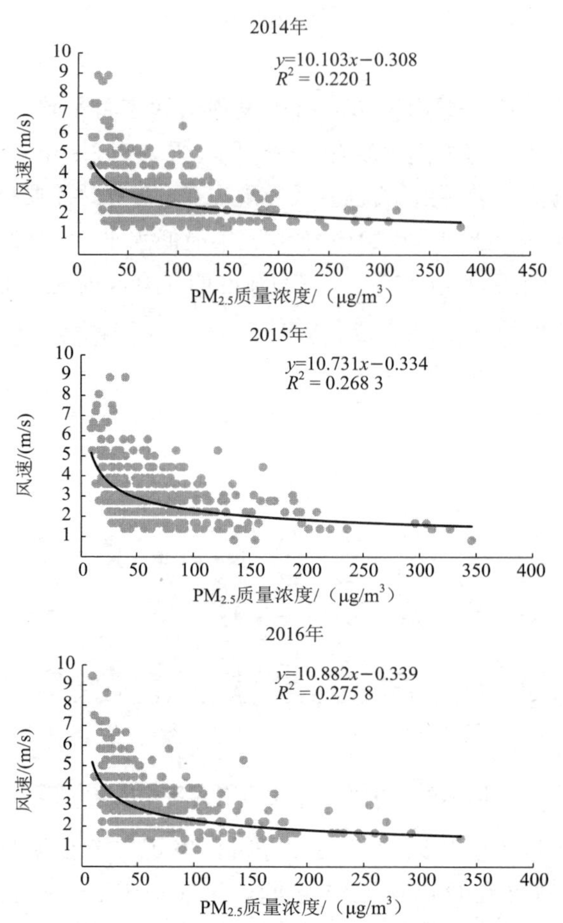

图 3-7　2013—2016 年风速与 $PM_{2.5}$ 质量浓度相关性分析

3.3.3　污染系数

用污染系数来表示不同风向下污染程度的可能大小，计算公式如下：污染系数＝风向频率 / 平均风速。某一风向出现的频率越高、平均风速越小，则污染系数越大。统计 2013—2016 年不同风向下的污染系数，结果表明西南偏南（SSW）风向下的污染系数最高（0.043），是其他风向下污染系数的 2 ～ 4 倍（如图 3-8 所示）。

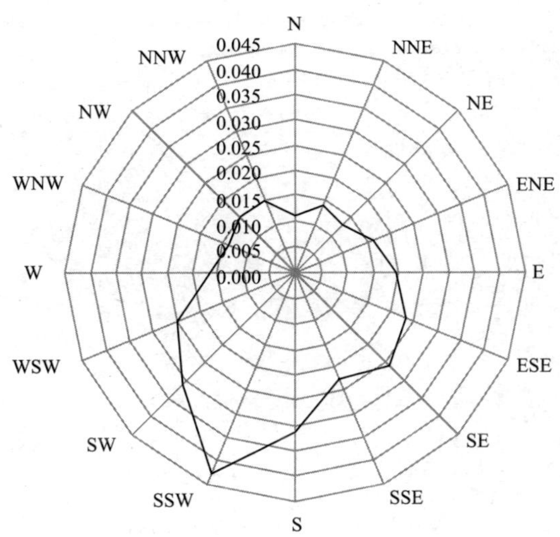

图 3-8　2013—2016 年不同风向下的污染系数

虽然西南偏南（SSW）风向下的污染系数最高，但在该风向下各项污染物的平均质量浓度并不一定最高。从 2013—2016 年各项污染物在不同风向下的平均质量浓度来看，除 O_3 以外，各污染物在偏西南风向下的平均质量浓度明显偏高，其中，$PM_{2.5}$、PM_{10}、NO_2 和 SO_2 在西南（SW）风向下的平均质量浓度最高，CO 在偏东北风向下的平均质量浓度最高；O_3 在东南风向下的平均质量浓度最高（如图 3-9）所示。

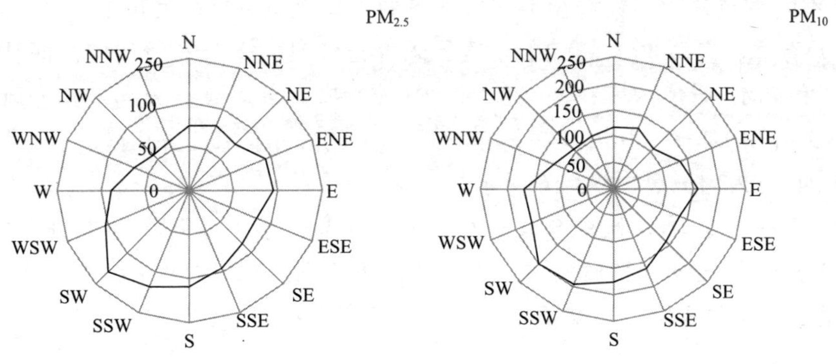

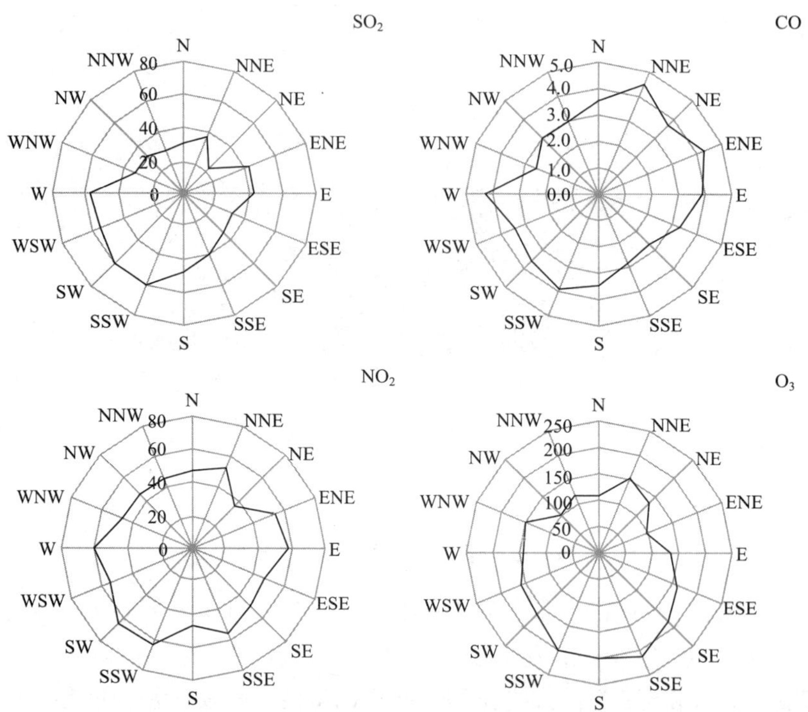

图 3-9　2013—2016 年各项污染物在不同风向下的平均质量浓度

注：图中 CO 质量浓度单位为 mg/m³，其余污染物质量浓度单位均为 μg/m³。

由于不同污染物的排放和生成具有一定的季节变化特征，深入研究 2013—2016 年不同季节各项污染物在不同风向下的平均质量浓度，发现：

（1）春季、夏季 $PM_{2.5}$ 和 PM_{10} 质量浓度在各风向上分布较均匀，而秋季、冬季 $PM_{2.5}$ 和 PM_{10} 质量浓度在西南偏南（SSW）风向下最高，分别是其他风向下的 1.3 ～ 3.2 倍和 1.2 ～ 3.0 倍；在偏东北风向下的质量浓度也相对较高，是其他风向下的 1.1 ～ 2.3 倍（如图 3-10 所示）。

（2）春季、夏季、秋季 SO_2 和 CO 质量浓度较小且在各风向上分布较均匀，冬季 SO_2 质量浓度在西南偏南（SSW）风向下最高，是其他风向下的 1.6 ～ 4.8 倍；CO 质量浓度在西南偏南和偏东北风向下均较高，是其他风向下的 1.1 ～ 2.2 倍（如图 3-10 所示）。

（3）春季、夏季、秋季 NO_2 质量浓度在各风向上分布较均匀，冬季 NO_2 质量浓度在西南偏南（SSW）风向下最高，是其他风向下的 1.1 ～ 2.3 倍；O_3 质量浓度一年四季在各风向上分布都较均匀，说明风向对 O_3 质量浓度的影响很小，日照

和温度才是影响 O_3 质量浓度的重要因素（如图 3-10 所示）。

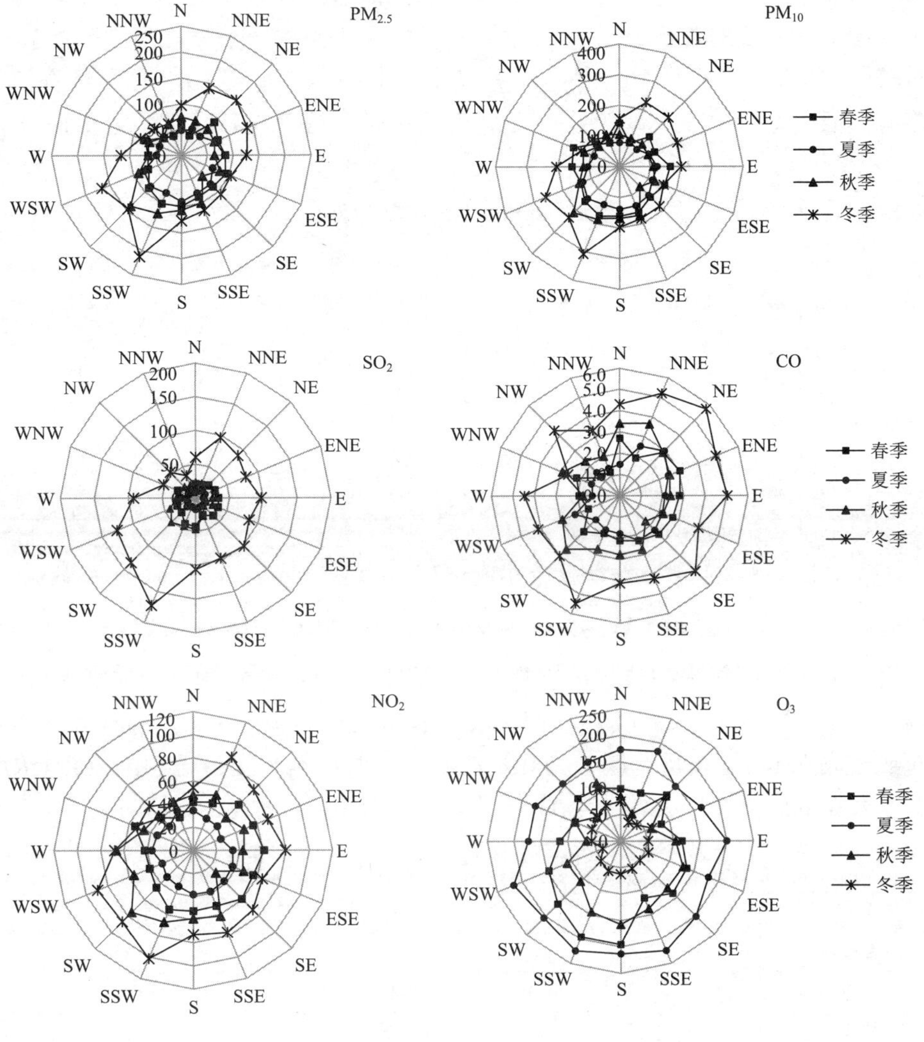

图 3-10　不同季节不同污染物在不同风向下的平均质量浓度

注：图中 CO 质量浓度单位为 mg/m³，其余污染物质量浓度单位均为 μg/m³。

3.4　相对湿度

相对湿度表示空气中的绝对湿度与同温度下的饱和绝对湿度的比值，得数是一个百分比，表示空气中水汽的饱和程度。在有降水时，一般相对湿度较大，接近 100%。

从相对湿度月变化来看，天津市近年相对湿度在 46% ～ 67% 之间，春季 3—5 月相对较低，夏季、秋季 7—9 月为全年最高，在 65% ～ 67% 之间，其余月份相对湿度略有偏低，整体在 60% 以上。可见，春季为全年最干燥时段（如图 3-11 所示）。

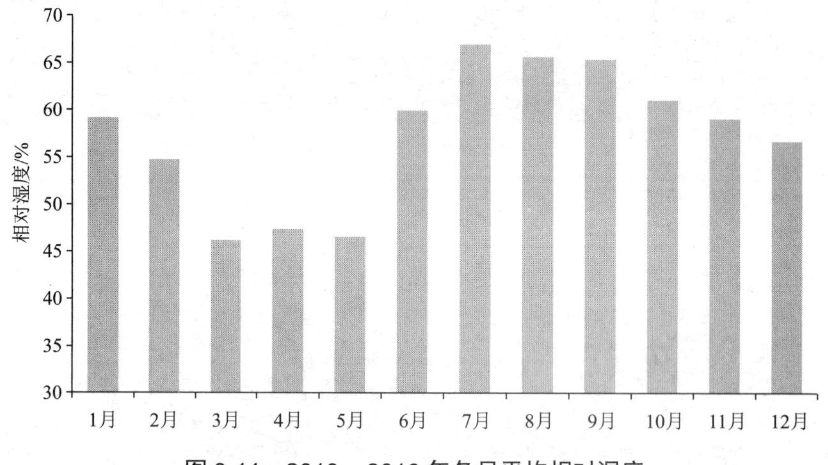

图 3-11　2013—2016 年各月平均相对湿度

有效降水对空气中的各项污染物具有湿清除作用，导致污染物浓度迅速降低。在没有降水的情况下，相对湿度与 $PM_{2.5}$ 质量浓度呈显著正相关，即较大的相对湿度对应较高的 $PM_{2.5}$ 质量浓度；尤其是在秋冬季节，相对湿度与 $PM_{2.5}$ 质量浓度的相关系数在 0.5 以上，冬季高达 0.68（如表 3-1 所示）。

表 3-1　各季节气象要素与 $PM_{2.5}$ 质量浓度的相关系数

季节	风速	相对湿度	平均混合层高度
春季	−0.49	0.47	−0.46
夏季	−0.41	0.41	−0.21
秋季	−0.53	0.52	−0.58
冬季	−0.59	0.68	−0.59

统计 2013—2016 年无降水时不同相对湿度和风速下的 $PM_{2.5}$ 质量浓度，发现重污染一般发生在相对湿度较大（>60%）且风速较小（<2 m/s）时（如图 3-12 所示）。对比 2013—2016 年冬季无降水时不同相对湿度和风速下的 $PM_{2.5}$ 质量浓度，发现冬季在相对湿度大于 35% 且风速小于 3.0 m/s 时易有重污染发生（如图 3-13 所示）；

此外，即使在风速较大时，较高的相对湿度也会造成轻至中度污染发生的概率增加。

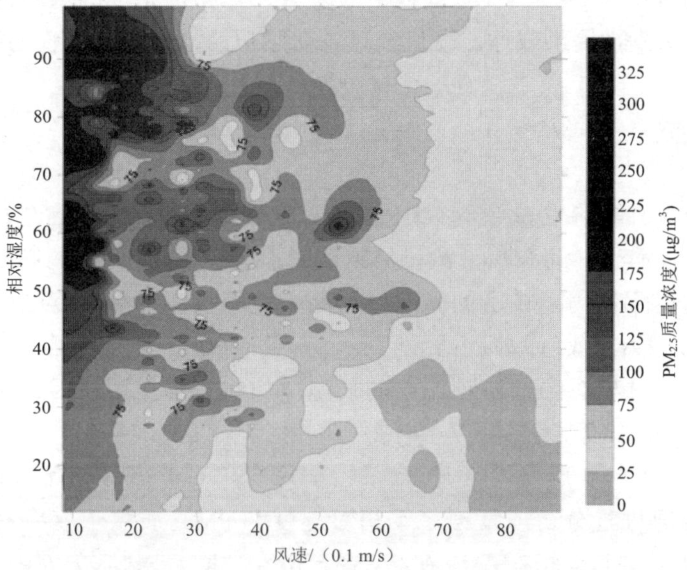

图 3-12　2013—2016 年风速、相对湿度与 $PM_{2.5}$ 质量浓度关系

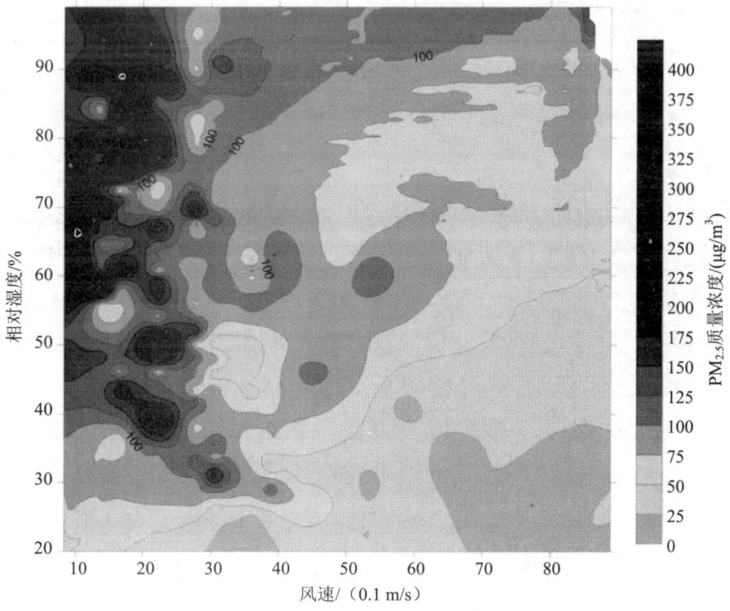

图 3-13　2013—2016 年冬季风速、相对湿度与 $PM_{2.5}$ 质量浓度关系

在相对湿度较大的条件下 $PM_{2.5}$ 质量浓度偏高，一方面是因为静稳天气形势导致近地面层的水汽和污染物较难垂直扩散；另一方面是充足的水汽为大气中的各种气态或固态污染物提供载体，发生物理、化学反应，导致颗粒物的吸湿增长。

3.5 能见度

颗粒物的散射能造成 60% ～ 95% 的能见度减弱。散射消光占总体消光（包括散射消光和吸收消光）的 80%，测量结果表明，直径小于 1 μm 的细粒子在光的散射和吸收中起支配作用；粒子的光散射远高于光吸收；对能见度削减贡献中，细粒子贡献达到 82%。散射效应主要同 $PM_{2.5}$ 有关，$PM_{2.5}$ 与大气能见度线性相关系数高达 0.96。同时相对湿度对颗粒物的吸湿增长起关键作用，因此相对湿度、能见度与 $PM_{2.5}$ 质量浓度密切关联。

对 2013—2016 年冬季（12 月、1 月、2 月）相对湿度、能见度以及 $PM_{2.5}$ 质量浓度变化情况进行分析，发现冬季相对湿度和 $PM_{2.5}$ 质量浓度有三个区间（如图 3-14 所示）。一个是相对湿度在 20% ～ 70% 之间，对应较高 $PM_{2.5}$ 质量浓度和较低能见度，这主要和颗粒物散射消光有显著关联；另一个区间在相对湿度为 75% ～ 85% 之间，对应能见度不超过 2 km，属于雾天，细颗粒物吸湿增长导致质量浓度上升，载带水汽的颗粒物造成能见度明显下降；第三个区间在相对湿度为 90% 左右，当相对湿度进一步升高到接近饱和时，细小颗粒物继续吸湿长大，造成湿沉降，$PM_{2.5}$ 质量浓度反而下降，但能见度仍然较低，在 1 km 左右。

对 2013—2016 年夏季（6 月、7 月、8 月）相对湿度、能见度以及 $PM_{2.5}$ 质量浓度变化情况进行分析，发现夏季相对湿度整体高于冬季，相对湿度和 $PM_{2.5}$ 质量浓度有两个区间（如图 3-15 所示）。一个在相对湿度为 45% ～ 60% 之间，对应能见度在 2 ～ 5 km 之间，对应 $PM_{2.5}$ 质量浓度不足 100 μg/m^3，污染程度相对不重；当相对湿度继续上升至 65% ～ 85% 之间时，高湿造成细颗粒吸湿增长，$PM_{2.5}$ 质量浓度上升，能见度明显下降，通常不足 3 km。

可见，在低湿情况下，颗粒物（主要是 $PM_{2.5}$）质量浓度对能见度消减主要是直接消光；高湿（65% ～ 85% 之间）能促进细粒子生成，最容易出现污染，进而造成能见度下降；当相对湿度超过 90% 以后，湿沉降又会造成颗粒物质量浓度下降，同时高湿使得能见度极低。

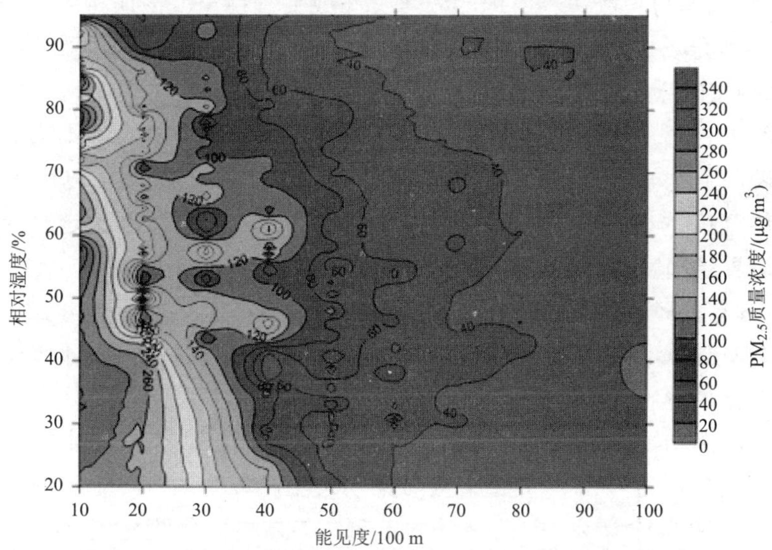

图 3-14　2013—2016 年冬季相对湿度、能见度与 $PM_{2.5}$ 质量浓度关系

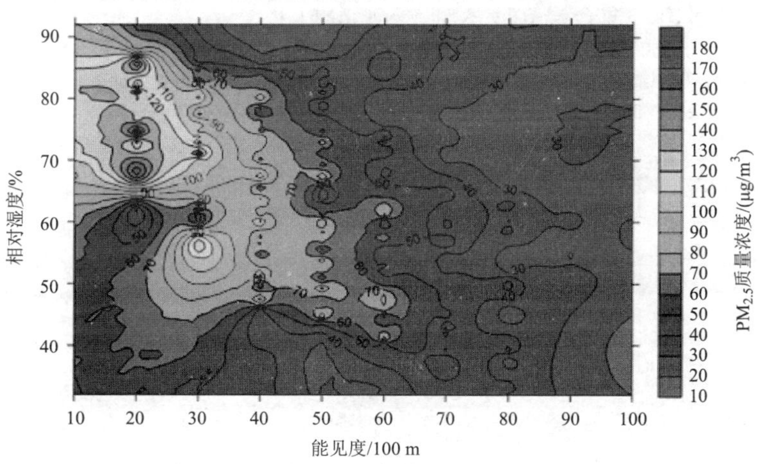

图 3-15　2013—2016 年夏季湿度、能见度与 $PM_{2.5}$ 质量浓度关系

3.6　边界层高度

大气边界层是指对流层内贴近地表面约 1.5 km 厚的一层。大气边界层的高度

（或厚度）和结构与大气边界层内的温度分布或大气稳定度密切相关。中性或不稳定时，由于动力或热力湍流的作用，边界层内上下层之间产生强烈的动量或热量交换。通常把出现这一现象的层称为混合层。混合层向上发展时，常受到位于边界层上边缘的逆温层底部的限制。与此同时也限制了混合层内污染物的再向上扩散。观测表明：这一逆温层底（即混合层顶）上下两侧的污染物浓度可相差 5 ～ 10 倍；混合层高度越小，这一差值就越大。通常认为：中性和不稳定时的混合层高度和大气边界层高度是一致的。

对 2016 年秋冬季边界层观测发现，14—16 时为全天边界层高度最高时段，平均高度在 800 m 以上（如图 3-16 所示）。日出前后边界层高度明显偏低，且容易发生逆温，逆温的存在、最大混合层高度的降低造成大气层结稳定，风速较小，阻碍空气的对流运动，使污染物在垂直方向上的扩散能力较弱，不利于污染物扩散，易造成环境空气质量下降，引起空气污染的发生。以 2016 年 11 月的一次重污染过程为例（如图 3-17 所示），在污染发生前边界层内大气稳定度呈中性，混合层高度达 1 400 m；污染积累期，边界层内出现明显的逆温，混合层高度仅 500 m 左右；在重污染发生时，逆温更加严重，混合层高度在 200 m 以下；当污染迅速消散时，边界层内极不稳定，混合层高度达到 1 500 m 以上。

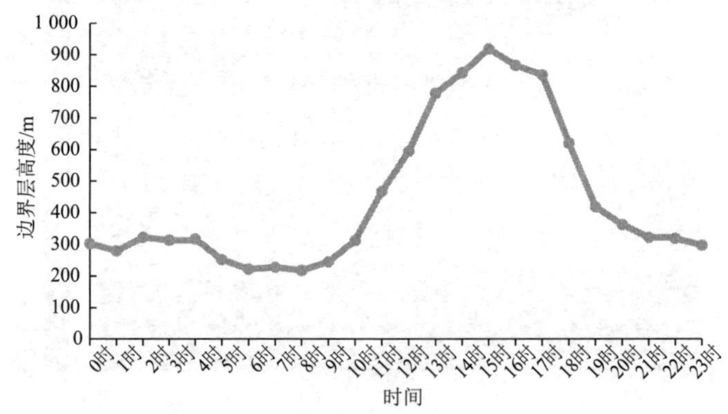

图 3-16　天津市秋冬季边界层高度日变化

在秋冬季节，平均混合层高度与 $PM_{2.5}$ 质量浓度呈较好的负相关，相关系数接近 0.6。从 2016 年冬季混合层高度与 $PM_{2.5}$ 质量浓度的关系（如图 3-18 所示）可以看出，随着平均混合层高度降低，$PM_{2.5}$ 质量浓度呈指数增长；当平均混合层高度在 200 m 以下时，$PM_{2.5}$ 质量浓度一般达到 150 μg/m^3 以上。

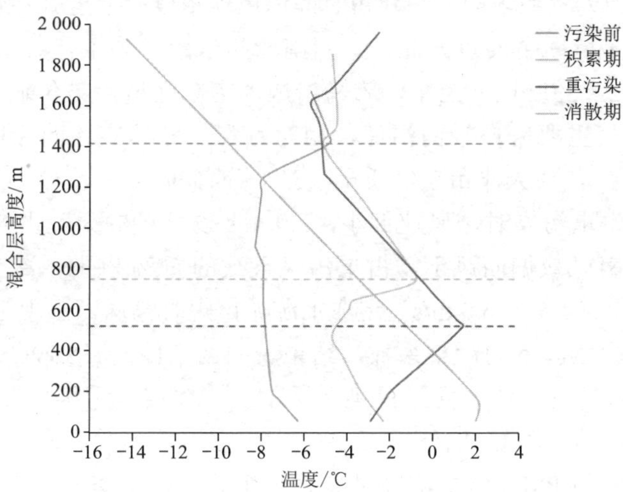

图 3-17　2016 年 11 月一次重污染过程的混合层高度变化

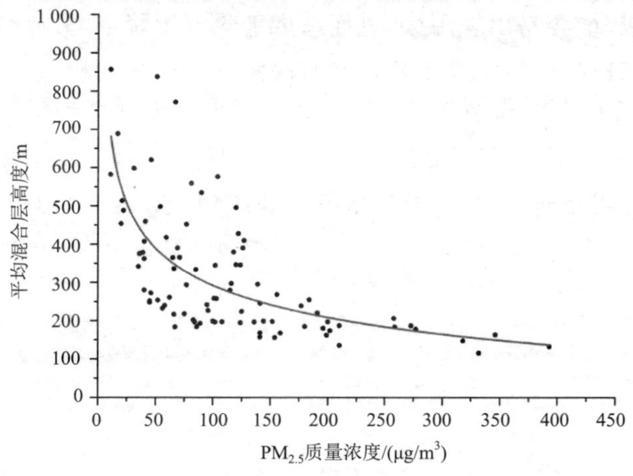

图 3-18　2016 年冬季混合层高度与 $PM_{2.5}$ 质量浓度关系

3.7　本章小结

（1）对天津市而言，均压场、冷锋前、华北小低压、低压带、华北地形槽、弱高压这几种天气形势通常对应较高的污染物浓度，上述天气形势下，环境空气中的污染物往往因为累积效应，在较短时间内出现浓度明显上升态势。

（2）天津近年风向主要以西北风、西南风和东南风为主。其中，西南风主要以较弱风力（1.5 ～ 3.0 m/s）为主，容易造成西南部区域污染传输，对扩散不利。海上相对清洁空气主要来自东南沿海，相对有利。冬季盛行西北风，风力较大，通常在 3.0 m/s 以上，对天津市空气质量改善十分有利。

（3）冬季发生重污染时，风速偏小，3.0 m/s 以下风的天数占 88.4%，且大多出现在西南风、南风或偏西风下，占重污染天数的 50% 以上。冷空气到来之际，西北风较大风速上（4.5 ～ 6.0 m/s）造成上游城市短时输送，出现短时污染。

（4）统计不同风向下的污染系数，结果表明西南偏南（SSW）风向下的污染系数最高（0.043），是其他风向下污染系数的 2 ～ 4 倍，污染物浓度在西南偏南风向（SSW）下偏高（除 O_3 以外）。

（5）相对湿度与 $PM_{2.5}$ 质量浓度呈显著正相关，秋冬季节，相对湿度与 $PM_{2.5}$ 质量浓度的相关系数在 0.5 以上，冬季高达 0.68。同时，在低湿情况下，颗粒物（主要是 $PM_{2.5}$）质量浓度对能见度消减主要是直接消光；高湿（65% ～ 85% 之间）能促进细粒子生成，最容易出现污染，进而造成能见度下降；当湿度超过 90% 以后，湿沉降又会造成颗粒物质量浓度下降，同时高湿使得能见度极低。

（6）在秋冬季节，平均混合层高度与 $PM_{2.5}$ 质量浓度呈较好的负相关，相关系数接近 0.6。随着平均混合层高度降低，$PM_{2.5}$ 质量浓度呈指数增长；当平均混合层高度在 200 m 以下时，$PM_{2.5}$ 质量浓度一般达到 150 μg/m^3 以上。

第 4 章　空气质量变化趋势分析

2012 年 2 月 29 日，国家发布《环境空气质量标准》（GB 3095—2012）代替原《环境空气质量标准》（GB 3095—1996），天津市作为首批实施空气质量新标准的 74 个城市之一，在 2013 年 1 月 1 日率先开展新标准监测。新标准实施后，天津市下大力度改善空气质量，取得了显著成效。

本章主要依据“十二五”期间新标准实施以来（2013—2016 年）天津市空气质量监测结果，梳理评估当前环境空气质量和变化趋势，分析总结存在的问题，为环境空气质量改善提供基础依据。

4.1　空气质量及趋势演变特征

4.1.1　污染级别天数

根据 2013—2016 年空气质量自动监测结果，全市空气质量达标天数呈现逐年上升的趋势，2016 年达标天数较 2013 年增加 81 天，其中一级优和二级良天数分别增加 19 天和 62 天；三级至六级污染天数则有不同程度减少，其中 2016 年重污染（五级重度和六级严重污染）天数较 2013 年减少了 20 天（如表 4-1 和图 4-1 所示）。

需要指出的是，与 2015 年相比，2016 年全市空气质量出现了一定反弹，重污染天数增加了 3 天，一级天数也有了明显下降，减少了 19 天。一方面，与 2016 年气象条件较为不利有关；另一方面，随着前期综合治理力度的增强，空气质量改善难度逐渐加大。

表 4-1 2013—2016 年天津市环境空气各级别天数 单位：d

年份 \ 级别	一级天数	二级天数	三级天数	四级天数	五级天数	六级天数	达标天数	重污染天数
2013 年	6	139	120	51	40	9	145	49
2014 年	8	167	118	38	27	7	175	34
2015 年	44	176	87	32	21	5	220	26
2016 年	25	201	87	24	23	6	226	29

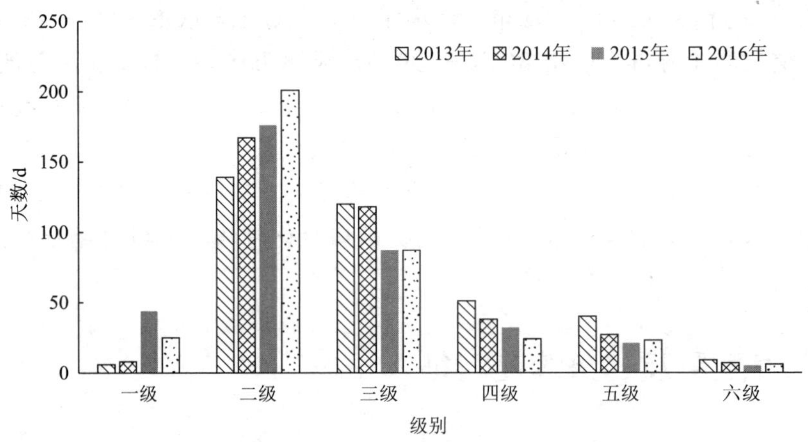

图 4-1 2013—2016 年天津市各级别天数

4.1.2 首要污染物天数

从首要污染物出现天数看（如表 4-2 所示），NO_2 和 O_3 作为首要污染物的天数上升明显，2016 年分别较 2013 年增加 35 天和 55 天；2016 年 SO_2 和 PM_{10} 作为首要污染物的天数分别较 2013 年减少 11 天和 4 天，尤其是 2015 年“煤改气”工程实施后，SO_2 连续两年未成为首要污染物；$PM_{2.5}$ 首要污染物天数呈逐年下降的趋势，2016 年较 2013 年减少 93 天。

表 4-2 2013—2016 年天津市各首要污染物天数 单位：d

年份＼污染物	SO_2	NO_2	PM_{10}	$PM_{2.5}$	CO	O_3
2013 年	11	2	66	260	0	20
2014 年	8	17	68	213	0	51
2015 年	0	17	81	177	0	46
2016 年	0	37	62	167	0	75

从各年度首要污染物出现比例看（如图 4-2 所示），$PM_{2.5}$ 成为首要污染物的天数比例最高，从 2013 年的 72.4% 降至 2016 年的 49.0%，降幅达到 23.4 个百分点，呈现明显下降趋势。PM_{10} 首要污染物天数比例呈波动变化趋势，2015 年最高，达到 25.2%，2016 年最低，仅为 18.2%。SO_2 首要污染物天数比例相对较低，随着 2015 年燃气改造工程的完成，2015 年和 2016 年未作为首要污染物出现。NO_2 首要污染物天数比例从 2013 年的 0.6% 升至 2016 年的 10.9%，上升了 10.3 个百分点，可能是受到机动车和燃气的影响。O_3 首要污染物天数比例从 2013 年的 5.6% 升至 2016 年的 22.0%，上升十分显著，超过 PM_{10} 成为首要污染物天数第二的污染物，仅次于 $PM_{2.5}$。CO 在各个年份均未成为首要污染物。

综合来看，全市的首要污染物从 2013 年的 $PM_{2.5}$ 独大，逐渐发展成为 $PM_{2.5}$、O_3、NO_2 和 PM_{10} 占比相对均匀。一方面，$PM_{2.5}$ 首要污染物天数比例逐渐下降，污染问题未能解决，粗颗粒（PM_{10}）有一定改善，但改善空间越来越小；另一方面，O_3、NO_2 影响上升，光化学污染问题逐年突出，改善难度加大。光化学和颗粒物复合污染特征交织，污染问题更加复杂化，环境空气治理难度越来越大。

4.1.3 污染物质量浓度

（1）年际变化。

2013—2016 年，全市 SO_2、NO_2、PM_{10}、$PM_{2.5}$ 和 CO 质量浓度呈逐年下降趋势（如表 4-3 所示），其中 SO_2 质量浓度降幅最高，为 64.4%；NO_2 质量浓度降幅最低，为 11.1%，且明显呈现波动趋势；PM_{10}、$PM_{2.5}$ 和 CO 质量浓度降幅相当，在 27.0% ～ 31.3% 之间，其中，2016 年 $PM_{2.5}$ 质量浓度降幅明显低于前两年，改善难度在增加。O_3 质量浓度有明显上升，相比 2013 年上升了 4.0%，年际变化呈现波动性上升趋势，2014 年和 2016 年达到近三年浓度峰值。

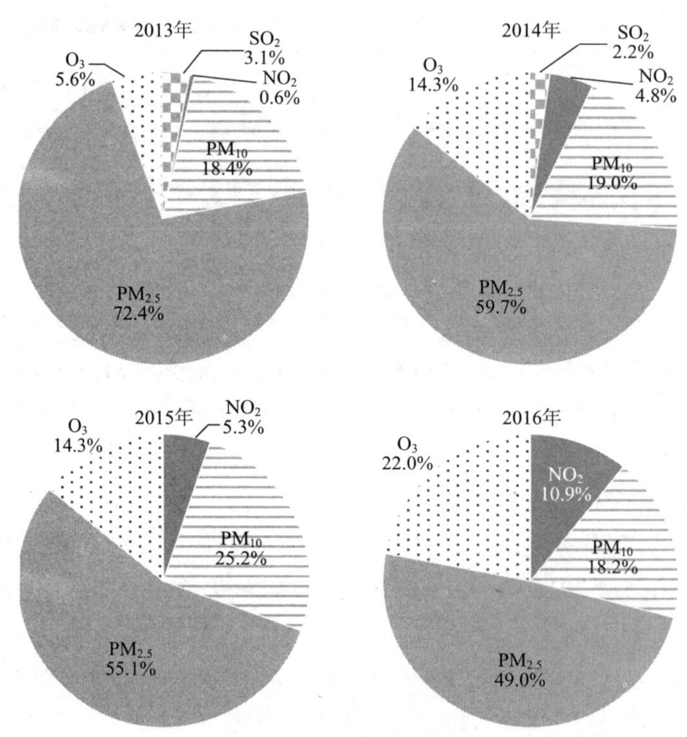

图 4-2　2013—2016 年天津市首要污染物天数占比

表 4-3　2013—2016 年天津市 6 项污染物质量浓度及变化

年份＼污染物	SO_2	NO_2	PM_{10}	$PM_{2.5}$	CO	O_3
2013 年	59	54	150	96	3.7	151
2014 年	49	54	133	83	2.9	157
2015 年	29	42	116	70	3.1	142
2016 年	21	48	103	69	2.7	157
与 2013 年相比 /%	−64.4	−11.1	−31.3	−28.1	−27.0	4.0

注：CO 质量浓度单位 mg/m^3，其余均为 μg/m^3。

总体来看，全市近年 SO_2、PM_{10} 和 CO 控制力度较大，取得了一定成效，但 NO_2 改善幅度不大，$PM_{2.5}$ 近年来改善幅度逐渐减小，O_3 同比增长明显。与 2015 年相比，NO_2 和 O_3 质量浓度均出现反弹，机动车以及餐饮等前体物排放直接或间接导致的光化学污染等问题突出。

（2）期别变化。

对 2013—2016 年采暖期、非采暖期污染物质量浓度分析来看（如表 4-4 所示），采暖期各项污染物质量浓度均呈下降趋势：SO_2 质量浓度降幅最高，达 71.1%，PM_{10}、$PM_{2.5}$ 和 CO 质量浓度降幅相当，均在 20% 以上。NO_2 和 O_3 质量浓度呈波动性下降，降幅较低，分别为 6.1% 和 7.8%。

非采暖期，除 O_3 质量浓度略有上升外，其余各项污染物均有不同程度下降：SO_2 质量浓度降幅最高，达 51.6%，PM_{10} 和 $PM_{2.5}$ 质量浓度降幅居中，分别达到 32.8% 和 28.9%，CO 和 NO_2 降幅较小，分别为 13.0% 和 14.6%。

表 4-4　2013—2016 年天津市各期别 6 项污染物质量浓度及变化

年份	期别	SO_2	NO_2	PM_{10}	$PM_{2.5}$	CO	O_3
2013 年	采暖期	114	66	183	121	4.8	64
	非采暖期	31	48	134	83	2.3	164
2014 年	采暖期	95	68	164	106	4	62
	非采暖期	26	48	118	72	2.1	170
2015 年	采暖期	57	61	150	95	3.9	65
	非采暖期	15	33	99	58	1.9	158
2016 年	采暖期	33	62	129	90	3.8	59
	非采暖期	15	41	90	59	2	174
变化幅度 /%	采暖期	−71.1	−6.1	−29.5	−25.6	−20.8	−7.8
	非采暖期	−51.6	−14.6	−32.8	−28.9	−13.0	6.1

注：CO 质量浓度单位为 mg/m^3，其余均为 $\mu g/m^3$。

（3）日变化。

对 2013—2016 年日变化分析发现，6 项污染物呈现不同变化梯度（如图 4-3 所示）：SO_2 和 PM_{10} 各小时质量浓度均呈明显下降趋势；$PM_{2.5}$ 和 CO，前期质量浓度下降明显，2016 年与 2015 年基本持平；NO_2 在 2014 年呈现高峰更高、低峰更低的趋势，2015 年下降明显，2016 年又出现反弹，早晚间小时质量浓度开始上升；O_3 质量浓度前三年变化不大，2016 年呈现上升的态势。

对 $PM_{2.5}$ 而言，前两年降幅十分明显，2016 年交通早高峰时段，质量浓度高峰降低，但夜间质量浓度仍然不低，与 2015 年相比，未见明显改善，晚间交通影响需注意。PM_{10} 质量浓度呈双峰变化趋势，受交通的影响十分显著，且与前三年不同的是，2016 年晚峰浓度较早峰偏高 4.6%，可见晚高峰对颗粒物的影响不低。

SO_2 质量浓度降幅显著，小时质量浓度差异不大。NO_2 质量浓度呈现波动性变化，2015 年达到最低，2016 年迅速反弹，尤其是早晚交通高峰（18 时—次日 8 时）时段，较 2015 年明显上升，谷值则稍有上升。CO 早峰质量浓度下降明显，与 2013 年相比，峰值从 8 时提前至 7 时，可能与早点散铺有一定关系。O_3 质量浓度上升显著，近年光化学反应问题尤其突出。

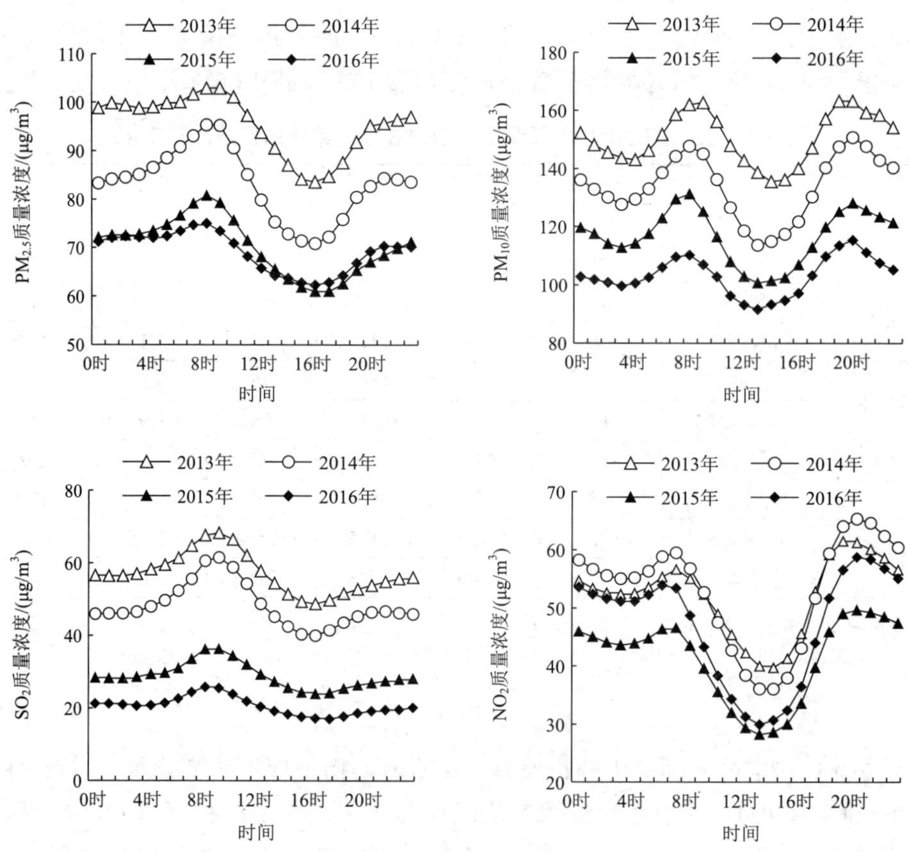

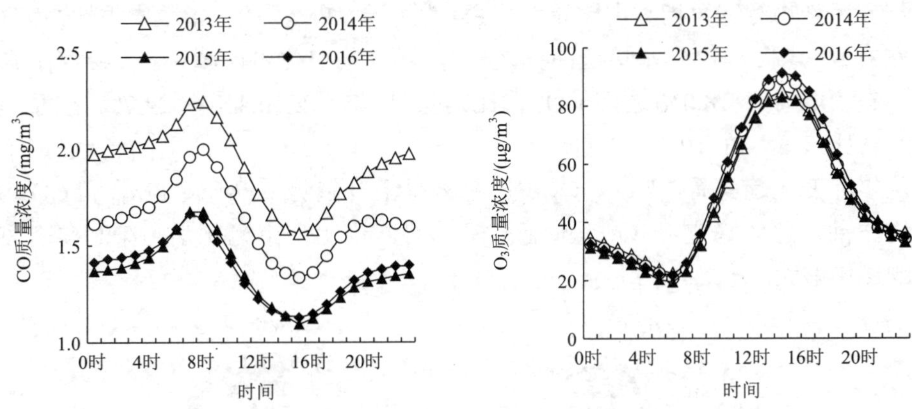

图 4-3　天津市 2013—2016 年主要污染物质量浓度日变化曲线

4.2　综合特征分析

4.2.1　综合污染指数

（1）年际变化。

对 2013—2016 年全市综合指数分析（如图 4-4 所示）发现，整体呈逐年下降趋势，从 2013 年的 9.07 降至 2016 年的 6.65，降幅达到 26.7%。

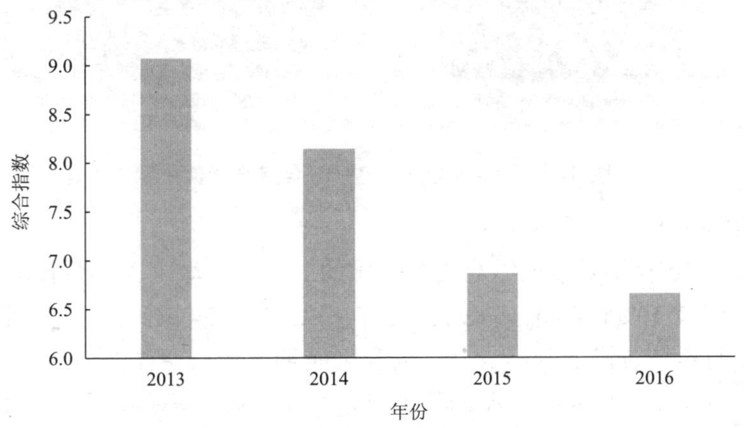

图 4-4　天津市 2013—2016 年综合指数变化

从各污染物对综合指数占比看（如图 4-5 所示），$PM_{2.5}$ 在分指数中占比最高（在 30% 左右），其次为 PM_{10}（接近四分之一），颗粒物整体占比超过一半；NO_2 居第三位，在 14.9% ～ 18.0% 之间；O_3 占比居第四位，在 10.4% ～ 14.7% 之间；CO 和 SO_2 占比最低，在 10.0% 左右。

从年际变化趋势看，NO_2、O_3 占比总体呈上升趋势；$PM_{2.5}$、PM_{10} 和 CO 占比有一定波动，整体稳定；SO_2 呈显著下降趋势。说明全市光化学污染和复合型污染影响逐年增大。

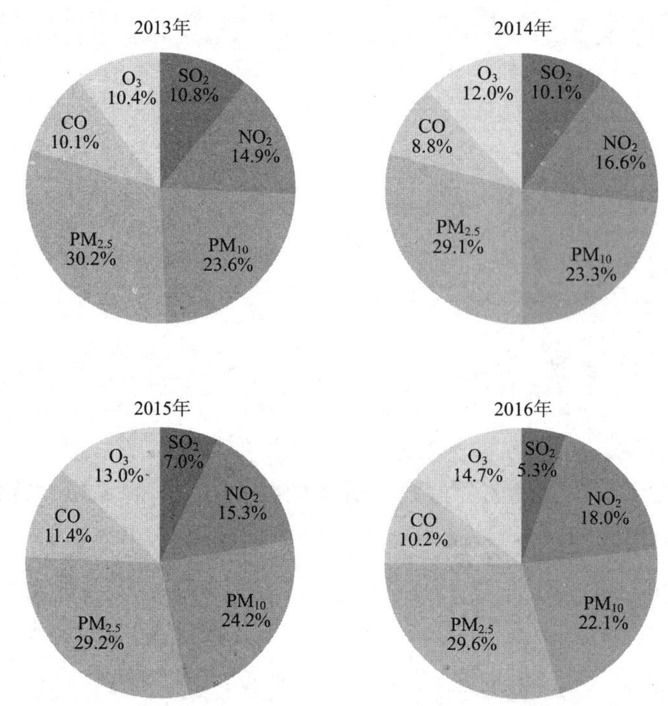

图 4-5　天津市 2013—2016 年综合指数占比

（2）期别变化。

对 2013—2016 年采暖期综合指数占比情况分析（如图 4-6 所示），发现 $PM_{2.5}$ 占比最高，超过 30%，PM_{10} 占比次之，在 23.3% ～ 24.6% 之间，二者占比超过一半，且近两年呈缓慢上升趋势，主要和采暖期重污染明显增加有关，同时和近年燃煤控制力度加大、SO_2 贡献下降有一定关系。NO_2 是采暖期第三大影响因子，且呈明显上升趋势，从 2013 年的 14.7% 升至 2016 年的 19.8%。CO 影响居第四位，占比在一成左右，呈波动上升趋势。SO_2 呈明显下降趋势，从 2013 年的 16.9% 降至 2016 年的 7.0%，需要说明的是，尽管如此，全市散煤问题仍然存在，需要关注。O_3 呈缓慢上升趋势，尽管采暖期 O_3 不是关注重点，但仍从侧面反映出全市光化学污染问题越来越突出。

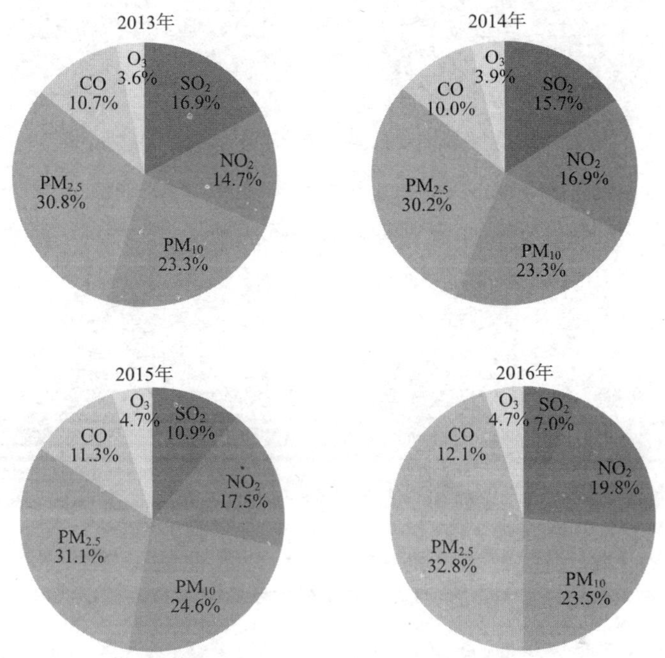

图 4-6 2013—2016 年天津市采暖期综合指数占比

对 2013—2016 年非采暖期综合指数占比情况分析（如图 4-7 所示）发现，$PM_{2.5}$ 占比最高，不足 30.0%，PM_{10} 占比次之，在 20.0% 以上，二者占比超过一半，与采暖期相反，颗粒物占比呈缓慢下降趋势，一方面说明颗粒物治理取得了一定成效，另一方面也和非采暖期气态污染物的影响显著上升有关。气态污染物中，SO_2 呈明显下降趋势，NO_2 呈波动上升趋势，O_3 呈明显上升趋势，尤其是 O_3 成为仅次于颗粒物的第三大影响因子，光化学污染问题成为非采暖期的重要污染问题。CO 占比呈波动性上升趋势，占比相对稳定。

与采暖期相比，除 O_3 外，非采暖期各项污染物占比均有不同程度降低，对比发现，CO 的占比受采暖影响并不明显。

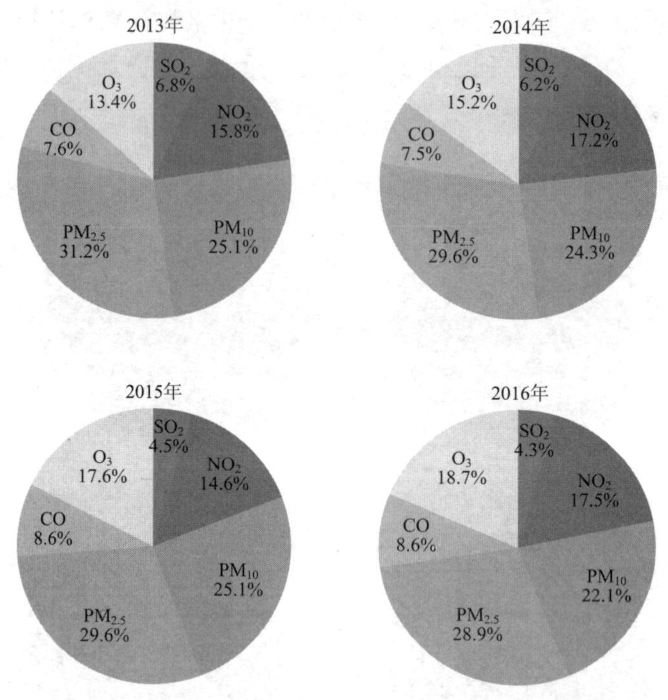

图 4-7 2013—2016 年天津市非采暖期综合指数占比

4.2.2 颗粒物污染特征

对 2013—2016 年采暖期、非采暖期颗粒物质量浓度和比值进行分析，发现各期别颗粒物质量浓度整体呈下降趋势（如图 4-8 和图 4-9 所示）。由于 PM_{10} 大多为一次来源，$PM_{2.5}$ 与二次反应密切相关，因此可通过比值初步判定颗粒物一次来源和二次来源特征。采暖期 $PM_{2.5}$ 与 PM_{10} 质量浓度比值相对略高于非采暖期，从时间纵向比较来看，颗粒物比值均呈先下降后上升的趋势，2014 年、2015 年相对较低，2016 年明显升高，推断可能是随着治理空间逐渐缩小，细颗粒物占比有所增加。

从 PM_{10} 和 $PM_{2.5}$ 相关性上看，采暖期颗粒物相关性普遍高于非采暖期（如图 4-10 所示），一方面说明采暖期 PM_{10} 和 $PM_{2.5}$ 的污染来源较为一致，与燃煤源贡献密切相关；另一方面说明冬季不利气象条件造成颗粒物同步累积，而在非采暖期颗粒物来源更加复杂多样。

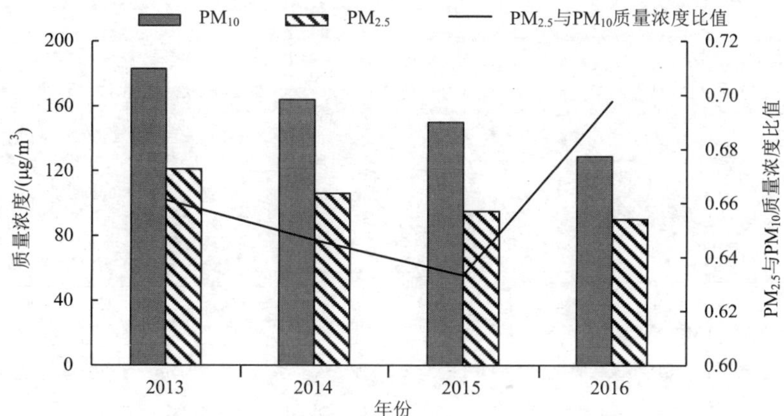

图 4-8　天津市 2013—2016 年采暖期颗粒物质量浓度及比值

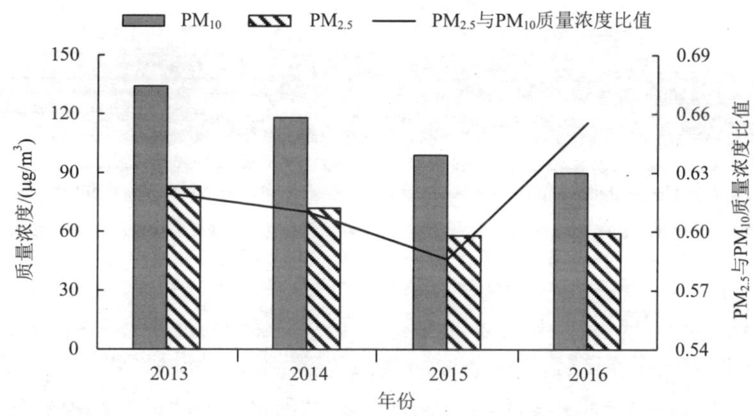

图 4-9　天津市 2013—2016 年非采暖期颗粒物质量浓度及比值

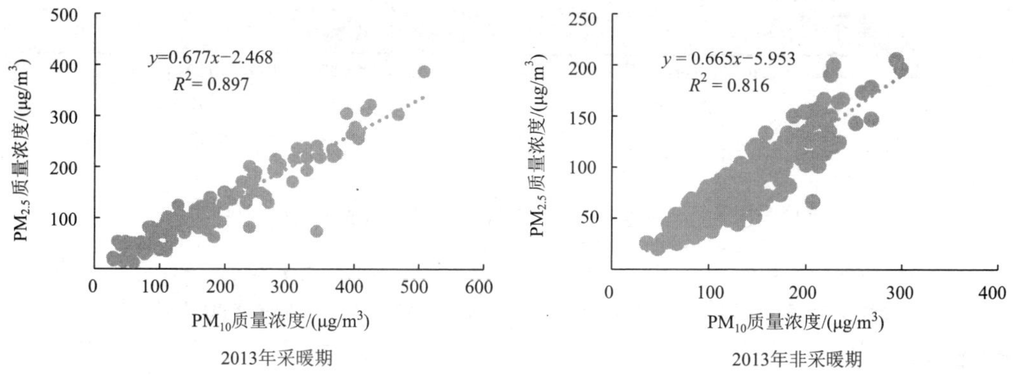

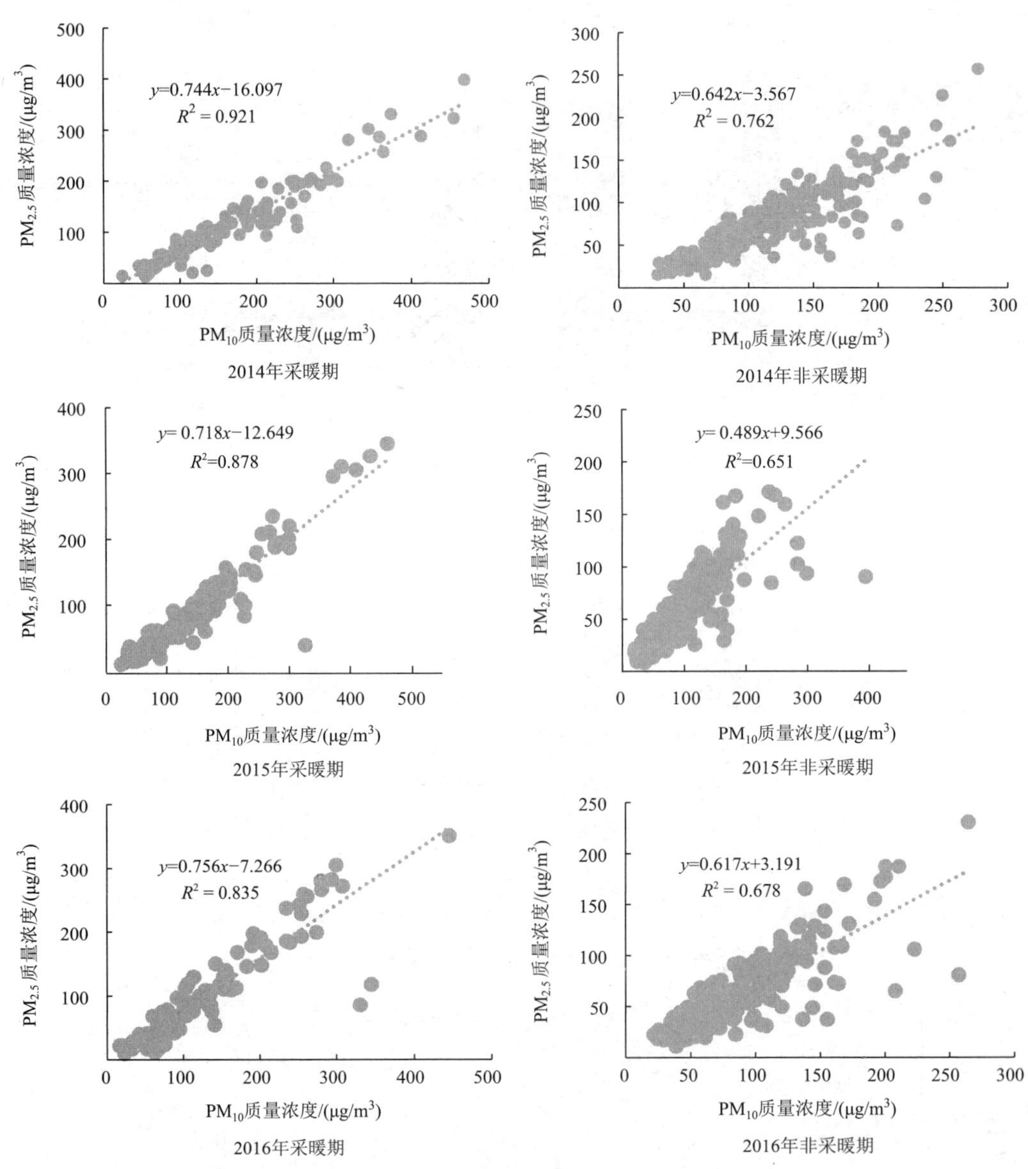

图 4-10　2013—2016 年天津市颗粒物质量浓度相关性分析

2016 年采暖期和 2015 年非采暖期的 PM_{10} 和 $PM_{2.5}$ 相关系数均为近三年最低。说明颗粒物来源更加广泛，对机动车、燃煤、扬尘的协同治理成为今后颗粒物控制的趋势。

4.2.3　NO_2 和 SO_2 特征分析

对 2013—2016 年各期别 NO_2 和 SO_2 质量浓度分析发现，采暖期和非采暖期 SO_2 质量浓度整体呈下降趋势（如图 4-11 和图 4-12 所示），其中，采暖期降幅高于非采暖期，达 71.1%，非采暖期降幅较小，为 51.6%。可见，近年 SO_2 控制力度较强，煤改工程效果十分显著。NO_2 质量浓度整体呈波动变化趋势，采暖期质量浓度下降 9.1%，非采暖期质量浓度下降 14.6%，但从 2017 年起，全市 NO_2 质量浓度全线上升，污染问题越来越突出，应引起注意。

根据 NO_2 与 SO_2 质量浓度比值可分析固定源和流动源相对重要性，由图 4-11 和图 4-12 可见，无论是采暖期还是非采暖期 NO_2 与 SO_2 质量浓度比值均呈上升趋势，其中非采暖期比值明显高于采暖期。对采暖期而言，2013—2014 年，NO_2 与 SO_2 质量浓度比值均小于 1，固定源影响相对重要，至 2016 年 NO_2 与 SO_2 质量浓度比值升至 1.88，固定源的贡献显著下降。对非采暖期而言，NO_2 与 SO_2 质量浓度比值均大于 1，至 2016 年达最高值 2.73。

可见，对全市而言，流动源的影响逐年增加，固定源的影响逐年减小，机动车问题需引起注意。

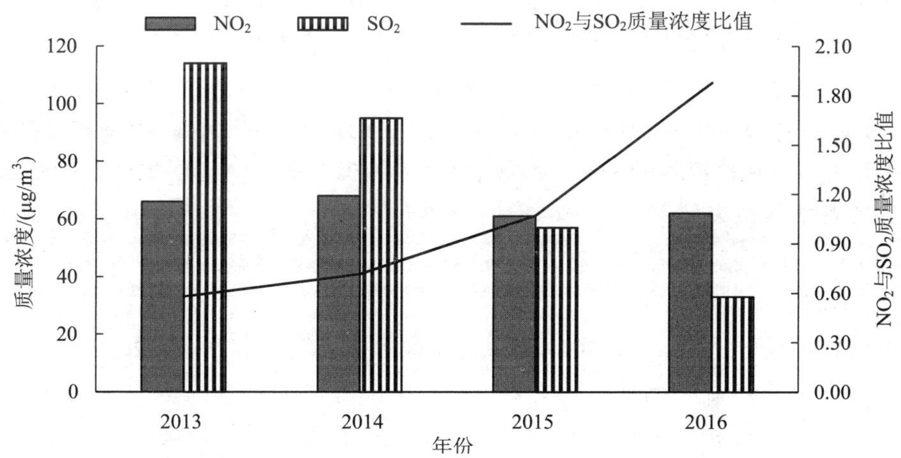

图 4-11　天津市采暖期 SO_2、NO_2 质量浓度及比值

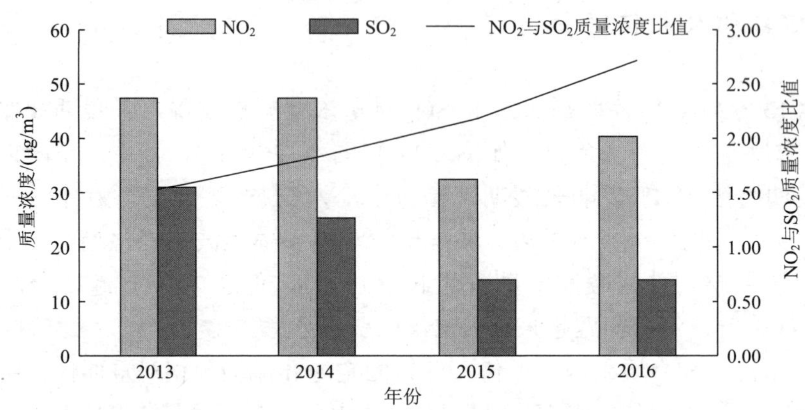

图 4-12 天津市非采暖期 SO_2、NO_2 质量浓度及比值

4.3 环境空气质量综述

（1）新标准实施以来，天津市环境空气质量明显改善，但压力仍然较大。

天津市自 2013 年实施环境空气质量新标准以来，空气质量状况持续改善。2016 年，天津市空气质量达标 226 天，达标天数比例由 2013 年的 39.7% 稳步提升至 61.7%；重污染 29 天，较 2015 年增加 3 天，较 2013 年减少 20 天；空气质量综合指数为 6.65，较 2015 年下降 3.1%，较 2013 年下降 26.7%；SO_2、NO_2、PM_{10}、$PM_{2.5}$、CO 和 O_3 6 项主要污染物质量浓度均明显下降。降尘量和硫酸盐化速率分别较 2013 年下降 23.5%、23.2%，“十二五”后期天津市空气质量改善明显。但后期改善空间越来越小，改善压力仍然较大。

（2）大气污染形势依然严峻，颗粒物仍是影响空气质量的主要污染指标，NO_2 和 O_3 污染问题也逐渐显现。

颗粒物污染严重，冬季以颗粒物为主的重污染天气时有发生。2013—2016 年，$PM_{2.5}$ 和 PM_{10} 是天津市 6 项大气主要污染物中超标最为严重的两项污染物，也是环境空气质量综合评价中污染贡献最高的两项污染物。其中，颗粒物每年成为首要污染物的天数达全年有效监测天数的 70% 以上，是影响天津市环境空气质量的最主要污染指标。

冬季天气系统相对稳定，容易出现逆温、静风等不利于污染物扩散的气象条件，加之城市供暖使得以颗粒物为主的大气重污染过程时有发生。2013—2016 年，天津市多次发生重污染天气过程，首要污染物均为 $PM_{2.5}$，$PM_{2.5}$ 已成为冬季连续重污染天气过程的元凶。

SO_2 年均质量浓度达标，但采暖期污染仍需重视。“十二五”期间，天津市 SO_2 年均质量浓度虽然达到国家年均质量浓度二级标准，但采暖期污染依然较重。2013 年和 2014 年，采暖期 SO_2 的平均质量浓度分别超过国家年均质量浓度二级标准 0.90 倍和 0.58 倍，且以 SO_2 为首要污染物的天数均出现在采暖期。天津市能源结构以燃煤为主，采暖期 SO_2 污染主要来源于供热锅炉燃煤排放。2014 年以来天津市深入推进大气污染防治工作，尤其是加大燃煤污染治理，从空气质量数据来看，燃煤污染治理成效明显，2015 年起，采暖期 SO_2 平均质量浓度达到国家年均质量浓度二级标准限值，随着大气污染防治工作的进一步推进，SO_2 采暖期污染问题有望进一步改善。

NO_2 污染呈现上升趋势，夏季 O_3 污染凸显。天津市 NO_2 年均质量浓度总体呈现先下降后上升趋势，2016 年质量浓度同比上升 14.3%；各年度均超过国家年均质量浓度二级标准限值。2013—2015 年 O_3 日最大 8 h 平均质量浓度第 90 百分位数分别为 151 μg/m^3、157 μg/m^3、142 μg/m^3，接近国家日最大 8 h 平均质量浓度二级标准限值（160 μg/m^3），2016 年以 O_3 为首要污染物的天数为 75 天，较 2013 年增加 55 天。天津市石化产业较为发达，挥发性有机物排放量大，随着机动车保有量持续增加，氮氧化物排放量也不断加大，二者为夏季 O_3 生成提供了充分的前体物条件，使 O_3 污染问题逐渐显现。

（3）大气污染类型已由传统的煤烟型污染向复合型污染过渡。

天津市在 SO_2、NO_x 和 PM_{10} 等传统煤烟型污染问题尚未得到根本解决的同时，$PM_{2.5}$ 和 O_3 等二次污染问题又接踵而至，大气污染呈现出氧化性增强、细颗粒物比例上升等污染特征。

目前，天津市大气污染主要表现为 SO_2 年均质量浓度总体下降，但采暖期污染依然较重，散煤问题不容忽视；NO_2 污染全面上升，随着机动车保有量的增加，改善压力仍然较大；夏季以 O_3 为首要污染物的天数增加，污染持续时间增长；颗粒物污染仍然严重，以 $PM_{2.5}$ 为首要污染物的重污染天气时有发生，PM_{10} 质量浓度改善面临巨大挑战；颗粒物中二次源类的分担率越来越高，对颗粒物有明显贡献的源类呈现多种源并重的态势。大气污染类型由传统的煤烟型污染向复合型污染过渡。

第 5 章　颗粒物化学组分特征

为深入探讨天津市大气颗粒物的污染水平，有力推动大气污染防治本地化、精细化管理，提高大气污染防治工作水平，对天津市大气颗粒物来源开展精细化源解析工作，于 2016 年 2 月（采暖季）、2016 年 4 月（风沙季）、2016 年 8 月（夏季）、2016 年 10 月（秋季），在天津市 23 个环境空气自动监测点位周边开展 PM_{10}、$PM_{2.5}$ 采样，共分析得 $PM_{2.5}$ 有效数据 892 组、PM_{10} 有效数据 852 组，同时对颗粒物中主要无机元素（Ca、Mg、Si、Al、Fe 等）、主要水溶性离子（SO_4^{2-}、NO_3^-、Cl^-、F^-、NH_4^+、Ca^{2+}、K^+ 等）以及碳组分（OC、EC）含量进行分析。

5.1　样品采集

5.1.1　采样点位

调查工作通常是以城市为研究区域，因此采集的样品必须能提供研究区域足够的、有代表性的颗粒物污染信息；各监测点覆盖的范围应包括区域内各环境质量功能区；可同时获得范围内颗粒物污染的共性信息和典型的个性信息；还应设置以监测不受当地城市污染影响的城市地区空气质量状况为目的的清洁对照点。根据以上要求和原则，以环境空气自动监测点为参考，在天津市布设了 23 个颗粒物采样点位采集 $PM_{2.5}$ 和 PM_{10} 有机和无机样品，并从自然因素、社会经济发展、污染源控制、工业布局与城市环境管理等方面考虑，将上述点位划分为中心城区、环城区、滨海新区、东北远郊区和西南远郊区等 5 个研究区域。各点位的具体环境情况如表 5-1、图 5-1 所示。

表 5-1　大气颗粒物源解析受体样品采集点位

序号	区域	采样点位	点位数
1	中心城区	大理道、中山北路、大直沽八号路、前进道、勤俭道、宾水西道	6 个
2	环城区	航天路、淮河道、跃进路、海泰发展二路、津沽路	5 个
3	滨海新区	河西一经路、塘沽营口道、永明路、第四大街、汉北路	5 个
4	东北远郊区	宝白公路、渔阳路、东环路、滨水东路	4 个
5	西南远郊区	广海道、雍阳西道、津同路	3 个

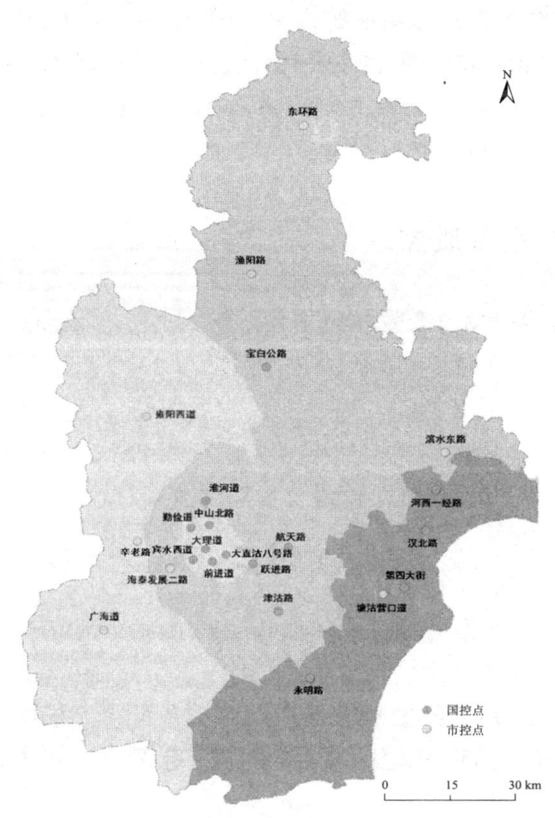

图 5-1　大气颗粒物源解析受体样品点位分布

5.1.2　采样周期与时间

《环境空气质量标准》（GB 3095—2012）规定：要获得日平均浓度值，颗粒物的累计采样时间应不少于 20 h。调查研究的颗粒物样品采样时间应结合研究地实际污染水平来确定，通常的原则是满足检出限要求，即采样时间一般取决于采集的样品量是否满足测量成分的检出限要求。不同的分析方法，成分的检出限不一样。因此采样时间应该根据所用的成分分析方法的检出限和仪器的采样效率来确定。

本研究根据天津市颗粒物污染水平和后续化学分析工作的需要，采样时段要包含本地区颗粒物浓度的波峰与波谷时段，确定每个样品的采样时间为当日 10 时至次日 9 时，连续 23 h。按照天津市气象要素的季节变化特征、环境空气中各主要污染物浓度水平的季节分布特征等，采样分为采暖季（2016 年 2 月 22 日—3 月 2 日）、风沙季（2016 年 4 月 11 日—21 日）、夏季（2016 年 8 月 16 日—9 月 12 日，部分点位因降水延迟）、秋季（2016 年 10 月 11 日—21 日）四季，每季连续采样 10 天，23 个点位同步开展采样。

5.1.3 样品采集情况及质控

本研究采样共取得 $PM_{2.5}$ 有效样品 1 784 个、PM_{10} 有效样品 1 704 个，分析得 $PM_{2.5}$ 有效数据 892 组、PM_{10} 有效数据 852 组。对 23 个点位手动数据和自动站在线观测数据进行对比。采样期间，离线与在线数据整体相关性良好，其中，离线 $PM_{2.5}$ 数据与在线 $PM_{2.5}$ 数据相关性达到 0.68，离线 PM_{10} 与在线 PM_{10} 数据相关性达到 0.61。表明本次离线采样所得数据与实际观测具有较高一致性和可比性。

（1）采样仪器的准备。

①所有采样仪器均需经省级计量鉴定部门鉴定合格，并在有效使用期内。

②为保证结果的可比性，所有采样点必须使用同一厂家同一型号的采样仪器，并详细记录采样仪器型号等各种参数。

③采样前将所有选定的同型号的采样仪器放置于同一采样点同样高度，相距 2 ～ 4 m。在 12 ～ 20 h 的时间内采集颗粒物并测定含量，相对偏差≤ 10% 则仪器合格可以使用。

④采样前将仪器切割头拆卸后超声波洗涤 1 h，再用去离子水冲洗 3 遍，放置于洁净的操作台使其自然晾干，然后重新安装。每套仪器之间的部件不可混用。

⑤采样仪器经过校正，在每次采样前，对受体采样泵的流量按国标的方法进行标定，保证采样泵的流量计保持稳定。

（2）滤膜的准备。

①所有滤膜使用 X 光看片机认真检查，无针孔或任何缺陷。

②随机取已经选定的有机膜和无机膜各 3 张，分别进行空白试验以检测 Na、Mg 等 20 种待测无机元素的含量、检测总碳和离子等待测组分的含量。根据试验结果确认所选用的两种滤膜的待测物空白浓度均在检出限以下。

③为去除滤膜中挥发组分对称重的影响，各种滤膜在采样前均放入烘箱或马弗炉内进行烘烤或灼烧，将膜内的挥发组分或其他组分除掉，以不影响分析的精度。石英膜温度定在 600℃，烘烤 2 h；聚丙烯滤膜温度定在 60℃，烘烤 2 h。

④有机滤膜和无机滤膜在烘烤后应在恒温恒湿环境中平衡 24 h 以上，温度控制在（20±1）℃，相对湿度控制在 50%±5%。

⑤使用十万分之一天平，滤膜称量精确到 0.001mg。

⑥标准质控滤膜：在所有滤膜经过烘烤并干燥平衡后，分别取有机滤膜和无机滤膜 5 ～ 10 张，每张滤膜非连续称量 10 次以上，以平均值作为该张滤膜的原始重量。将这些滤膜作为标准滤膜。每次称量空白滤膜之前，称量两张标准滤膜。若标准滤膜称出的重量与原始重量差别在 ±0.04 mg 范围内，则认为条件适当，继续称量空白滤膜并记录滤膜重量 W_1（g）；否则应检查称量条件并重新称量。

⑦天平室应做到恒温恒湿，天平每年由省级计量监督部门按规定检定一次，符合国家标准。

⑧对用一定数量的两种滤膜进行空白实验，保证滤膜本身的待测物浓度在检出限以下。

⑨称量后的滤膜平展置于滤膜保存盒中，避免弯曲或折叠。

（3）采样期的质量控制。

①各点位的所有仪器每天均在同一时间开机进行采样。

②采样期间如遇到雨、雪或强风等较恶劣的天气时，均停止采样，并及时记录。

③所有样品在各个环节完整无缺。

④用科学的方法观测采样时的气象条件并进行及时记录。

⑤平行样：在采样的同时由不同的采样人员在同一地点采集同一类样品，平行样的数量保持在样品量的 10%。平行样的相对标准偏差≤ 20%。

⑥现场空白质控样：在采样点随采样的同时架设两台采样仪器，选用与采样相同的两种滤膜，但并不开动仪器。除不启动采样器外，其余操作全部同样品的采集操作过程，这样收集到的滤膜就是现场空白质控样。每个采样日至少采集一组现场空白质控样，在几个采样点位中随机进行。以每天所有现场空白质控样采样前后称量重量的差值取平均值作为判断指标，若在 ±1mg 以内，则当天所有样品符合要求；否则，需要将各点位样品重量减去该平均值进行本底修正。

⑦所有环节均进行完整的数据记录工作。

5.2 样品分析

分析项目包括19种无机元素、9种水溶性离子和OC、EC，如表5-2所示。

表5-2 化学组分分析方法及项目

分析项目	分析方法	所用仪器
PM_{10}、$PM_{2.5}$质量	重量法	Mettler Toledo MX5
OC、EC	热/光分析法	DRI 2012 A 热/光碳分析仪
Na、Mg、Al、Si、K、Ca、Ti、V、Cr、Mn、Fe、Co、Ni、Cu、Zn、As、Cd、Hg、Pb	等离子体原子发射光谱法	美国热电ICP7000 SERIES-AES
Cl^-、NO_3^-、SO_4^{2-}、F^-	离子色谱法	美国戴安ICS-1100型
Na^+、NH_4^+、K^+、Mg^{2+}、Ca^{2+}	离子色谱法	美国戴安ICS-1000型

5.2.1 水溶性离子

利用美国戴安公司的ICS-1100型离子色谱仪分析Cl^-、NO_3^-、SO_4^{2-}、F^-，美国戴安公司的ICS-1000型离子色谱仪分析Na^+、NH_4^+、K^+、Mg^{2+}、Ca^{2+}。

（1）方法原理。

石英滤膜上采集的颗粒物样品经去离子水浸泡、超声波提取、微孔滤膜过滤后，得到颗粒物水溶性阴离子、阳离子样品提取溶液。将该提取液通过离子色谱仪测定阴离子、阳离子含量，并计算出颗粒物中水溶性阴离子、阳离子的浓度。

（2）样品制备。

将采集样品的石英滤膜截取1/4，用干净的陶瓷剪刀剪碎到10 mL玻璃试管中，加水8 mL，盖上盖子放入超声波清洗器内，在40℃的条件下超声提取20 min。待提取液冷却至室温后，取上清液经0.22 μm微孔滤膜过滤至聚乙烯样品瓶后上机进行测试。

（3）质量控制。

采用美国沙漠研究所（DRI）质量控制标准，每测定10个样品复检1个，样品质量浓度在0.030～0.100 mg/L范围时，标准偏差为±30%；质量浓度在

0.100 ～ 0.150 mg/L 之间时，标准偏差为 <20%；质量浓度 >0.150 mg/L 时，标准偏差为 10%。

5.2.2　碳组分

利用美国沙漠研究所的 DRI2010A 型碳分析仪，分析有机碳 OC（OC1+OC2+OC3+ OC4+OPC）和元素碳 EC（EC1+EC2+EC3−OPC）。

（1）方法原理。

热光碳分析的原理是依据 OC 与 EC 在不同温度下的优先氧化顺序将其分离。将样品放入石英炉内部，仪器会根据程序设定的温度梯度曲线，对石英炉进行升温，通过热分解释放出有机化合物，热分解的产物进入到 MnO_2 氧化炉。当碳微粒进入到 MnO_2 炉时，有机碳就会定量地转化成 CO_2 气体。CO_2 被 He 载气清洗出氧化炉，经非分散红外（NDIR）检测系统测量。随后在 He/O_2 载气下开始第二个温度梯度，所有的元素碳就都被氧化掉从而脱离滤膜，然后进入到氧化炉和 NDIR。

石英膜上的样品在氦气的非氧化环境中，分别在 140℃（OC1）、280℃（OC2）、480℃（OC3）和 580℃（OC4）逐级升温，对 0.558 cm^2 的滤膜片进行加热，经 MnO_2 催化，将滤膜上的有机碳（OC）转化为 CO_2；此后样品又在氦气 / 氧气混合气（He/O_2）环境中，分别于 580℃（EC1）、740℃（EC2）、840℃（EC3）逐级升温，该过程中元素碳（EC）被氧化分解为 CO_2。通过非分散红外法（NDIR）定量检验。样品在测量过程中采用 633 nm 的氦 - 氖激光监测滤膜的反光光强，利用光强的变化明确指示出元素碳氧化的起始点。当一个样品测试完毕，有机碳和元素碳的 8 个组分（OC1、OC2、OC3、OC4、EC1、EC2、EC3、OPC）同时给出，并计算出有机碳和元素碳的含量。

（2）样品制备。

从石英膜样品上冲取分析样片（0.558 cm^2），使用镊子取出冲子中获取的膜片，将取出的膜片放于石英样品床内，进行分析。

（3）质量控制。

每次检测样品前、更换校准气体后，均需对仪器进行校准，要求连续 5 次偏差 <5%；每测定 10 个样品后进行复测；按质控要求定期对仪器进行期间核查，确保仪器正常使用；每天样品分析前与分析结束后，都进行仪器校正，标准偏差 <5%，才满足分析需求。

5.2.3 无机元素

利用美国热电公司美国热电 ICP7000 SERIES-AES 等离子体原子发射光谱仪分析 19 种无机元素，包括 Na、Mg、Al、Si、K、Ca、Ti、V、Cr、Mn、Fe、Co、Ni、Cu、Zn、As、Cd、Hg 和 Pb。

（1）方法原理。

使用聚丙烯滤膜采集的受体样品，经 HCl-HNO_3 高温密闭酸性消解法处理，冷却定容制备成样品溶液，样品溶液经雾化后，通过载气，将形成的含待测分析元素的气溶胶输送至等离子矩管中，样品分子几乎完全解离，ICP 发出的光通过入射狭缝、准直、分光后，经检测器检测，进行元素的定性及定量。

（2）样品制备。

酸性消解体系：用镊子夹取 1/2 张聚丙烯滤膜，用陶瓷剪刀剪成小块置于密闭消解罐聚四氟乙烯内罐中，加入 4 mL HNO_3、2 mL HCl、1 mL H_2O_2，使滤膜浸没其中，将内罐置于不锈钢外罐中，拧紧，置于烘箱内，在 (140±5)℃消解 4 h，待自然冷却后，将消解后的样品转移至 25 mL 定量瓶中，定容后用于测定。

（3）质量控制。

称取 10.00 mg GBW07454（GSS-25）标准土壤样品，利用上述方法进行测定，16 种元素采用聚丙烯膜烘箱消解，Si、Al、Ti 元素采取聚丙烯膜碱熔前处理，分别测定 10 次，计算各元素准确度和精密度。测量过程中，各元素测定值的相对误差（RE）要小于 5 %，各元素测定值的相对标准偏差（RSD，n=12）要小于 5 %，才能满足分析方法要求。样品测定时，每测定 10 个样品，要进行单点校准和空白测定，所有检测结果均要满足质控要求。

5.3 采样期间污染特征

本节对天津市采暖季、风沙季、夏季和秋季大气颗粒物质量浓度水平以及其化学组成进行探讨，并结合历史同期手动采样数据以及空气自动监测数据，综合分析颗粒物化学组分的时空分布特征。

5.3.1 颗粒物质量浓度

采暖季（2016 年 2 月 22 日—3 月 2 日）采样期间，天津市空气质量在一级优至五级重度污染之间。$PM_{2.5}$ 质量浓度在 10 ～ 215 μg/m^3 之间，PM_{10} 质量浓度在 16 ～ 283 μg/m^3 之间，2 月 22 日出现一次短时的污染，3 月 1 日 6 时起至 3 月 2 日又出现一次持续性颗粒物累积过程（如图 5-2 所示）。污染累积过程中 $PM_{2.5}$ 与 PM_{10} 质量浓度比值在 0.8 以上，而在非污染累积时段 $PM_{2.5}$ 与 PM_{10} 质量浓度比主要在 0.4 ～ 0.7 之间波动。从质量浓度空间分布来看（如图 5-3 所示），$PM_{2.5}$ 和 PM_{10} 均为北部地区质量浓度比值相对较低，市区和南部地区质量浓度比值相对较高。其中，滨海新区 PM_{10} 质量浓度最高，中心城区次之，东北远郊区最低；滨海新区和中心城区 $PM_{2.5}$ 质量浓度最高，东北远郊区最低。

风沙季（2016 年 4 月 11 日—21 日）采样期间，天津市空气质量在二级良至五级重度污染之间。$PM_{2.5}$ 质量浓度在 11 ～ 278 μg/m^3 之间，PM_{10} 质量浓度在 28 ～ 412 μg/m^3 之间，12 日—13 日有一个明显的污染过程，受其影响，当日天津市空气质量达到五级重度污染水平，15 日部分时段也有明显污染累积；11 日、14 日、16 日—18 日则均受到浮尘、扬沙天气的影响（如图 5-4 所示）。从质量浓度空间分布来看（如图 5-5 所示），PM_{10} 质量浓度高值主要分布在中心城区东北部以及相邻的东丽、西南远郊的静海以及滨海中部地区，在北部蓟州区、宝坻和西北部武清等质量浓度相对较低；$PM_{2.5}$ 质量浓度在中心城区南部和滨海新区相对偏高，在北部蓟州区、宝坻和西北部武清相对较低。

夏季（2016 年 8 月 16 日—31 日）采样期间，天津市空气质量在一级优至三级轻度污染之间。$PM_{2.5}$ 质量浓度在 5 ～ 120 μg/m^3 之间，PM_{10} 质量浓度在 66 ～ 132 μg/m^3 之间。受降水影响颗粒物质量浓度整体处于较低水平，8 月 20 日—23 日以及 8 月 30 日，质量浓度相对较高（如图 5-6 所示）。从质量浓度空间分布来看（如图 5-7 所示），环城区 PM_{10} 质量浓度最高，滨海新区次之；东北远郊区与环城区 $PM_{2.5}$ 质量浓度最高，中心城区最低。

秋季（2016 年 10 月 12 日—21 日）采样期间，天津市空气质量在二级良至五级重度污染之间。$PM_{2.5}$ 质量浓度在 15 ～ 271 μg/m^3 之间，PM_{10} 质量浓度在 27 ～ 329 μg/m^3 之间。13 日和 18 日—19 日之间连续两次出现污染过程，其中 13 日和 19 日均达五级重度污染（如图 5-8 所示）。从质量浓度空间分布看（如图 5-9 所示），PM_{10} 质量浓度在西北部、西部和西南部地区相对较高，东部地区相对较低，$PM_{2.5}$ 质量浓度分布与 PM_{10} 类似。

总体而言，采样期间天津市颗粒物浓度均处于相对较低水平，多数在良至轻度污染水平，个别天出现重度污染，夏季由于降水充沛，湿度较高，$PM_{2.5}$ 与 PM_{10} 质量浓度比值出现明显倒挂。

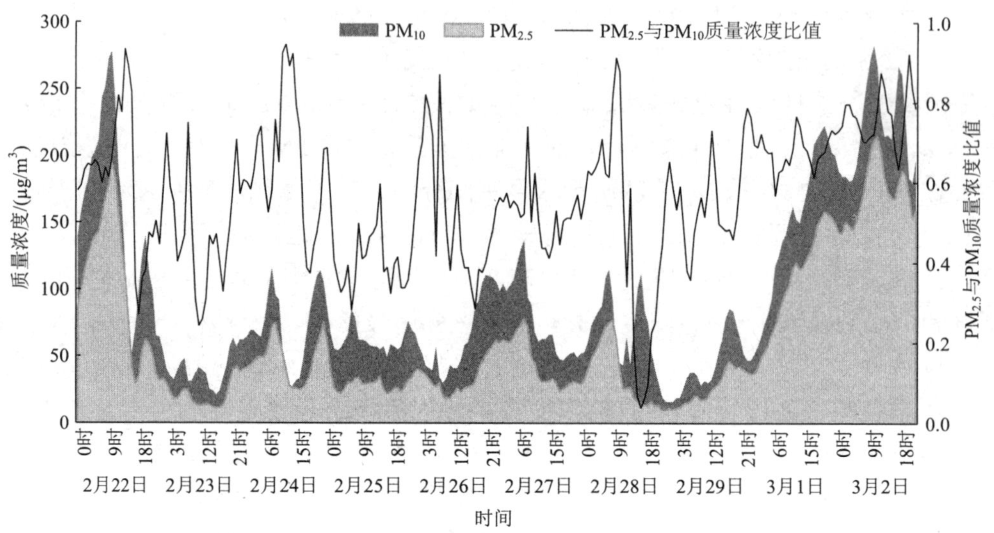

图 5-2 2016 年 2 月 22 日—3 月 2 日颗粒物质量浓度小时变化

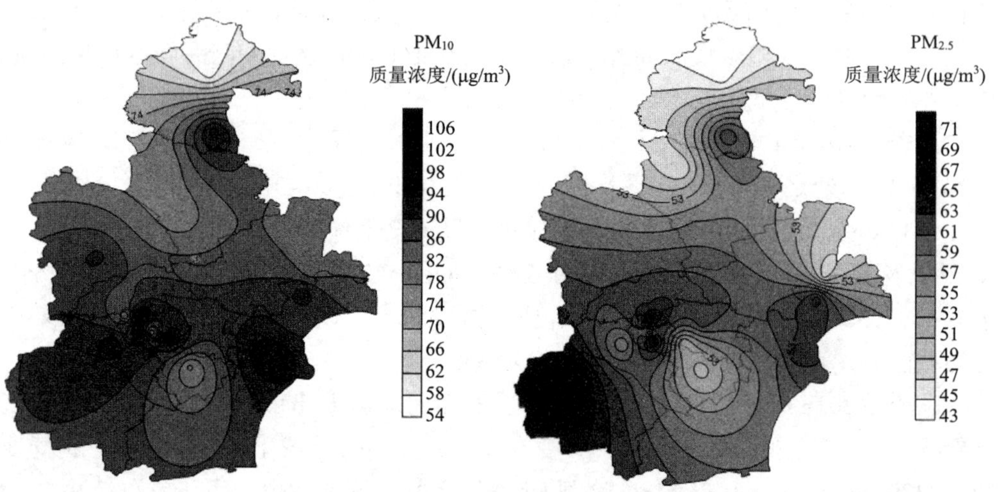

图 5-3 采暖季采样期间 PM$_{10}$ 和 PM$_{2.5}$ 质量浓度分布

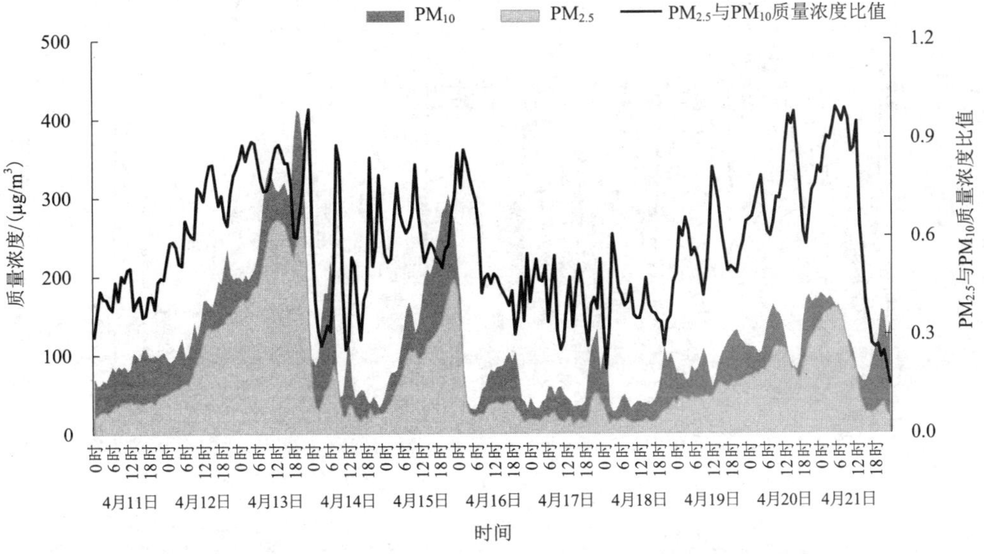

图 5-4　2016 年 4 月 11 日—21 日颗粒物质量浓度小时值变化

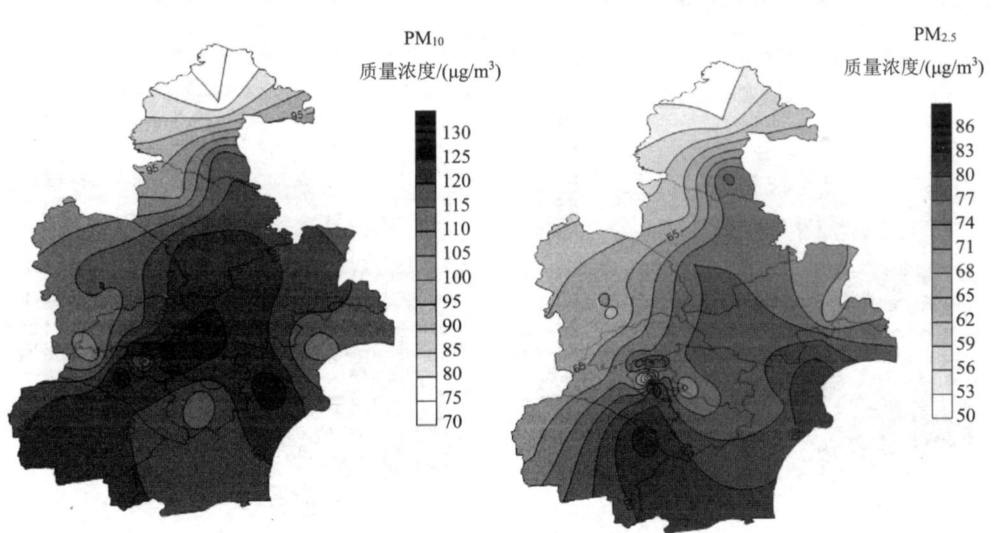

图 5-5　风沙季采样期间 PM_{10} 和 $PM_{2.5}$ 质量浓度分布

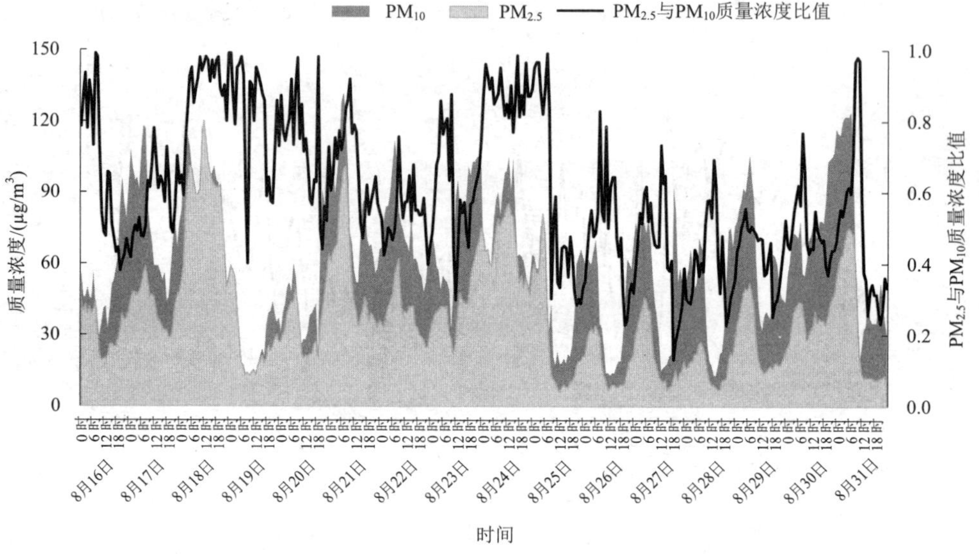

图 5-6 2016 年 8 月 16 日—31 日颗粒物质量浓度小时值变化

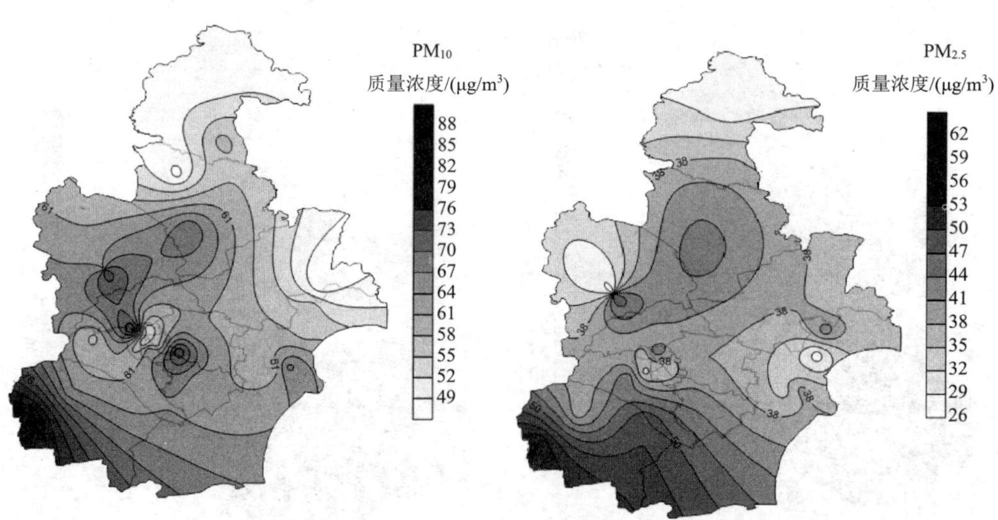

图 5-7 夏季采样期间 PM_{10} 和 $PM_{2.5}$ 质量浓度分布

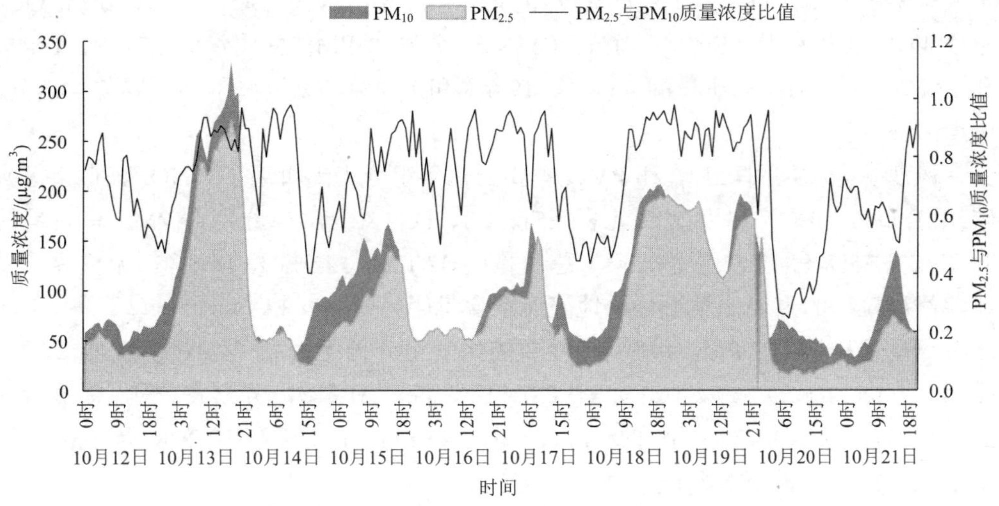

图 5-8　2016 年 10 月 12 日—21 日颗粒物质量浓度小时值变化

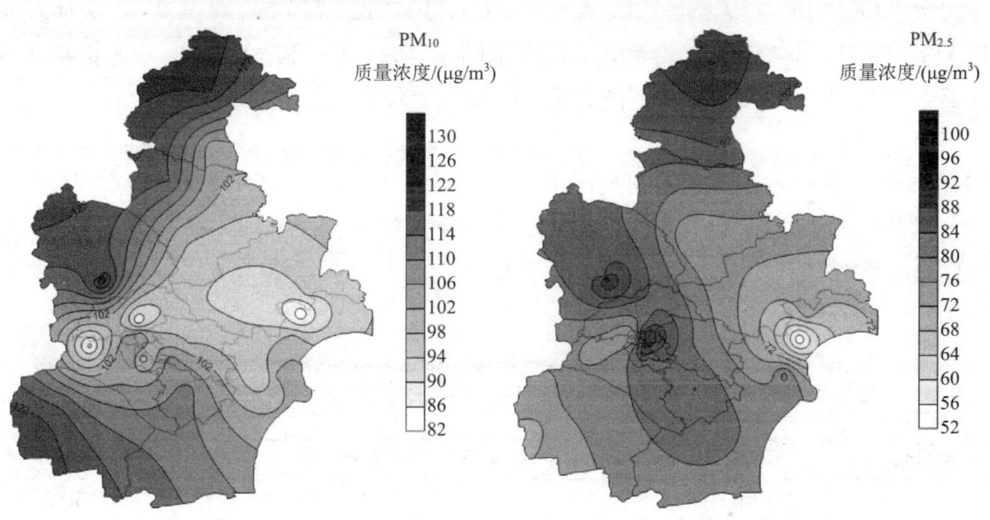

图 5-9　秋季采样期间 PM_{10} 和 $PM_{2.5}$ 质量浓度分布

5.3.2　季节变化特征

5.3.2.1　化学组分概况

不同季节 PM_{10} 和 $PM_{2.5}$ 组分含量加和如表 5-3 所示。

采暖季 PM_{10} 和 $PM_{2.5}$ 主要的化学组分为无机离子（NO_3^-、SO_4^{2-} 等）、碳组分（OC、EC）以及地壳元素（Si、Al、Ca、Fe 等），分别占 PM_{10} 总质量的 27.0%、17.4% 和 13.6%，占 $PM_{2.5}$ 总质量的 30.8%、19.6% 和 11.1%。无机离子为主要化学组分，碳组分含量突出。

风沙季采样期间，PM_{10} 和 $PM_{2.5}$ 主要的化学组分为无机离子（NO_3^-、SO_4^{2-} 等）、碳组分（OC、EC）以及地壳元素（Si、Ca、Fe、Al 等），分别占 PM_{10} 总质量的 30.2%、11.5% 和 17.8%，占 $PM_{2.5}$ 总质量的 42.1%、14.9% 和 14.6%。无机离子为风沙季颗粒物的主要化学组分，地壳元素含量明显升高。

夏季采样期间，PM_{10} 和 $PM_{2.5}$ 主要的化学组分为无机离子（NO_3^-、SO_4^{2-} 等）、碳组分（OC、EC）以及地壳元素（Si、Ca、Fe、Al 等），分别占 PM_{10} 总质量的 31.2%、14.3% 和 14.7%，占 $PM_{2.5}$ 总质量的 45.8%、16.8% 和 10.2%。无机离子为夏季颗粒物的主要化学组分。

秋季采样期间，PM_{10} 和 $PM_{2.5}$ 主要的化学组分为无机离子（NO_3^-、SO_4^{2-} 等）、碳组分（OC、EC）以及地壳元素（Si、Ca、Fe、Al 等），分别占 PM_{10} 总质量的 35.5%、13.7% 和 15.6%，占 $PM_{2.5}$ 总质量的 41.6%、15.3% 和 12.5%。无机离子为秋季颗粒物的主要化学组分，在 $PM_{2.5}$ 中的离子含量高于夏季。

可见采样期间，PM_{10} 和 $PM_{2.5}$ 中碳含量在采暖季最高，分别较其他三季偏高 3.1 ～ 5.9 个百分点和 2.8 ～ 4.7 个百分点；元素含量在风沙季最高，PM_{10} 和 $PM_{2.5}$ 中含量分别较其他三季偏高 2.2 ～ 4.2 个百分点和 2.1 ～ 4.4 个百分点；离子含量在夏季和秋季较高，PM_{10} 和 $PM_{2.5}$ 中含量分别较其他两季偏高 5.3 ～ 8.5 个百分点和 3.7 ～ 15.0 个百分点。

表 5-3　天津市不同季节组分含量加和　　单位：%

颗粒物	PM_{10}			$PM_{2.5}$		
组分加和	元素	碳	离子	元素	碳	离子
采暖季	13.6	17.4	27.0	11.1	19.6	30.8
风沙季	17.8	11.5	30.2	14.6	14.9	42.1
夏季	14.7	14.3	31.2	10.2	16.8	45.8
秋季	15.6	13.7	35.5	12.5	15.3	41.6

不同季节 PM_{10} 和 $PM_{2.5}$ 化学组分含量和质量浓度对比结果分别如图 5-10 和图 5-11 所示。

采暖季 PM_{10} 和 $PM_{2.5}$ 中碳组分是含量最高的化学组分，在 PM_{10} 和 $PM_{2.5}$ 中的

含量分别达到 17.4% 和 19.6%，主要受到燃煤源影响，而地壳元素和离子组分等大多数组分含量相对偏低。

风沙季与采暖季、夏季相比，地壳元素（Si、Ca、Al、Fe 等）含量显著升高，其中 Si 的增幅超过 1 倍，扬尘源影响增加。与采暖季相比，OC、EC 和 Cl^- 含量大幅降低，降幅均约为 40%；SO_4^{2-} 和 NO_3^- 的含量稳中有升，NH_4^+ 的含量大幅升高。

夏季 PM_{10} 和 $PM_{2.5}$ 中 OC 和 NO_3^- 是含量较高的化学组分，二者在 PM_{10} 和 $PM_{2.5}$ 中的含量之和分别达到 19.5% 和 23.2%。PM_{10} 和 $PM_{2.5}$ 中 SO_4^{2-}、NO_3^- 和 NH_4^+ 含量加和分别达到 23.5% 和 38.9%，高于其他季节，二次源的影响较明显；EC 含量较其他季节高，机动车特别是柴油车的影响较大。

秋季 PM_{10} 和 $PM_{2.5}$ 中二次离子（SO_4^{2-}、NO_3^- 和 NH_4^+）含量明显高于其他季节，三离子质量占离子总质量的 35.5% 和 41.6%，二次源的影响增加较明显；其中 NO_3^- 是含量最高的化学组分，在 PM_{10} 和 $PM_{2.5}$ 中的含量分别为 13.7% 和 15.3%，而且 OC 含量仅次于二次离子，分别达到 9.9% 和 10.9%，可见机动车的影响较大。

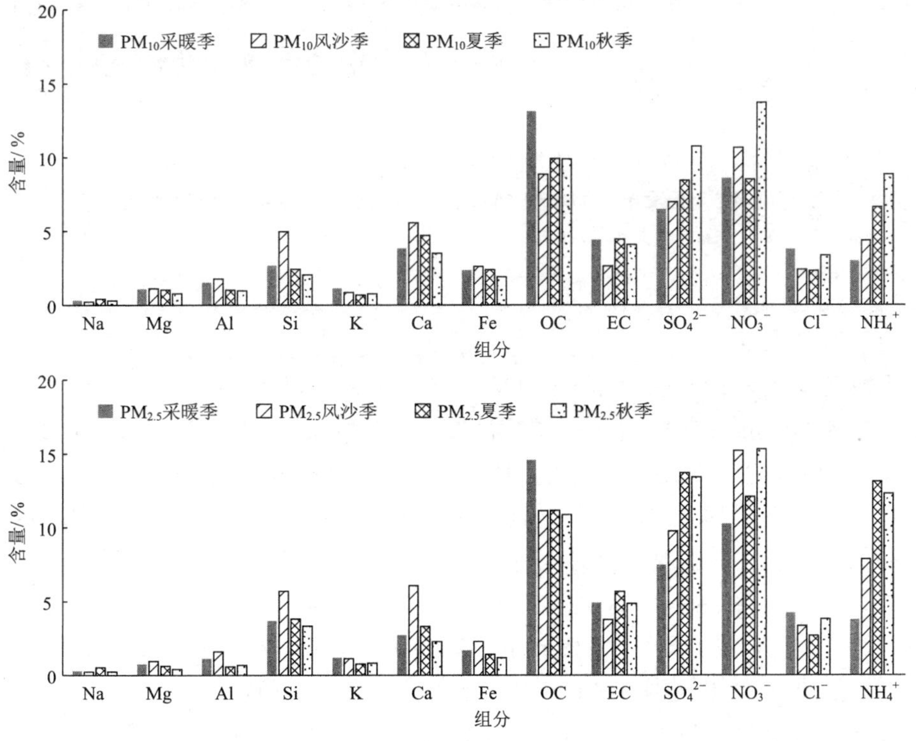

图 5-10　天津市不同季节 PM_{10} 和 $PM_{2.5}$ 化学组分含量对比

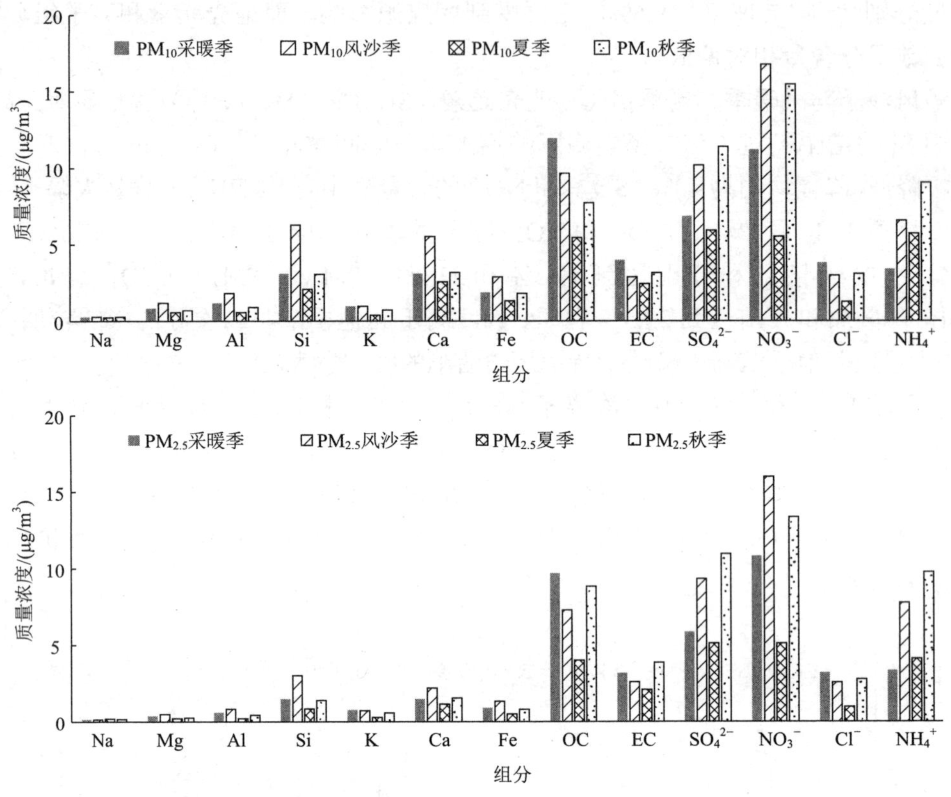

图 5-11 天津市不同季节 PM_{10} 和 $PM_{2.5}$ 化学组分质量浓度对比

5.3.2.2 碳

（1）质量浓度。

天津市采暖季 PM_{10} 中有机碳（OC）质量浓度为 11.9 μg/m^3，元素碳（EC）质量浓度为 4.0 μg/m^3。$PM_{2.5}$ 中 OC 质量浓度为 9.7 μg/m^3，EC 质量浓度为 3.2 μg/m^3。从日变化趋势来看，颗粒物中 OC、EC 质量浓度最高值出现在 3 月 2 日，与空气质量日变化趋势大体一致，3 月 2 日天津市出现一次污染过程，颗粒物质量浓度出现累积；最低值均出现在 2 月 28 日，其余时段碳组分质量浓度相对稳定。

天津市风沙季 PM_{10} 中有机碳（OC）质量浓度为 9.6 μg/m^3，元素碳（EC）质量浓度为 2.9 μg/m^3。$PM_{2.5}$ 中 OC 质量浓度为 7.3 μg/m^3，EC 质量浓度为 2.6 μg/m^3。从日变化趋势来看，颗粒物中 OC、EC 质量浓度最高值出现在 4 月 12 日和 4 月 13 日，与空气质量日变化趋势大体一致，4 月 12 日和 4 月 13 日天津市出现了污染过程，颗粒物质量浓度出现累积；4 月 16 日—18 日 OC、EC 质量浓度较低，并且相对稳定。

天津市夏季 PM_{10} 中有机碳（OC）质量浓度为 5.4 μg/m^3，元素碳（EC）质量浓度为 2.4 μg/m^3。$PM_{2.5}$ 中 OC 质量浓度为 4.0 μg/m^3，EC 质量浓度为 2.1 μg/m^3。从日变化趋势来看，颗粒物中 OC、EC 质量浓度最高值出现在 8 月 20 日和 8 月 21 日；8 月 27 日—29 日 OC、EC 质量浓度较低，变化趋势相对平缓。

天津市秋季 PM_{10} 中有机碳（OC）质量浓度为 7.7 μg/m^3，元素碳（EC）质量浓度为 3.2 μg/m^3。$PM_{2.5}$ 中 OC 质量浓度为 8.8 μg/m^3，EC 质量浓度为 3.8 μg/m^3。从日变化趋势来看，颗粒物中 OC、EC 质量浓度最高值出现在 10 月 13 日和 10 月 18 日，与空气质量日变化趋势大体一致，10 月 12 日—14 日和 10 月 17 日—19 日颗粒物质量浓度出现累积；10 月 11 日、10 月 15 日—16 日 OC、EC 质量浓度较低，并且相对稳定。

（2）OC 与 EC 质量浓度比值。

OC 与 EC 质量浓度比值常被用来评价颗粒物的来源和二次有机物的形成。不同污染源排放的颗粒物中 OC 与 EC 的相对含量不同。表 5-4 是文献报道的主要污染源排放的 $PM_{2.5}$ 中 OC 与 EC 质量浓度的比值。

表 5-4　主要污染源排放的 $PM_{2.5}$ 中 OC 与 EC 质量浓度的比值

污染源	轻型汽油车	重型柴油车	地面扬尘	生物质燃烧	汽油车尾气	燃煤
比值	2.2	0.8	13.1	9	4.1	12

采暖季采样期间，各点位 PM_{10} 中 OC 与 EC 质量浓度比值在 2.50 ～ 3.39 之间，平均值为 3.07；各点位 $PM_{2.5}$ 中 OC 与 EC 质量浓度比值在 2.64 ～ 3.42 之间，平均值为 3.08（如图 5-12 所示）。风沙季采样期间，各点位 PM_{10} 中 OC 与 EC 质量浓度比值在 2.4 ～ 8.2 之间，平均值为 4.3；各点位 $PM_{2.5}$ 中 OC 与 EC 质量浓度比值在 2.2 ～ 4.7 之间，平均值为 3.3（如图 5-13 所示）。夏季采样期间，各点位 PM_{10} 中 OC 与 EC 质量浓度比值在 1.9 ～ 2.9 之间，平均值为 2.4；各点位 $PM_{2.5}$ 中 OC 与 EC 质量浓度比值在 1.7 ～ 3.8 之间，平均值为 2.2（如图 5-14 所示）。秋季采样期间，各点位 PM_{10} 中 OC 与 EC 质量浓度比值在 0.8 ～ 4.0 之间，平均值为 2.6；各点位 $PM_{2.5}$ 中 OC 与 EC 质量浓度比值在 0.6 ～ 3.8 之间，平均值为 2.4（如图 5-15 所示）。风沙季的 OC 与 EC 质量浓度比值最高，采暖季次之，夏季和秋季较低。

从日变化趋势看，在 PM_{10} 和 $PM_{2.5}$ 中比值差异不大。其中，采暖季期间，2 月 22 日、2 月 27 日、2 月 28 日、3 月 1 日、3 月 2 日为污染累积时段，OC 与

EC 质量浓度比值相对较高；风沙季期间，4 月 13 日和 4 月 16 日 OC 与 EC 质量浓度比值相对较高；夏季期间，8 月 19 日 OC 与 EC 质量浓度比值相对较高，相应地二次反应较为显著，OC 累积速率较高；秋季期间，整个采样阶段 OC 与 EC 质量浓度比值相对稳定，起伏变化较小。

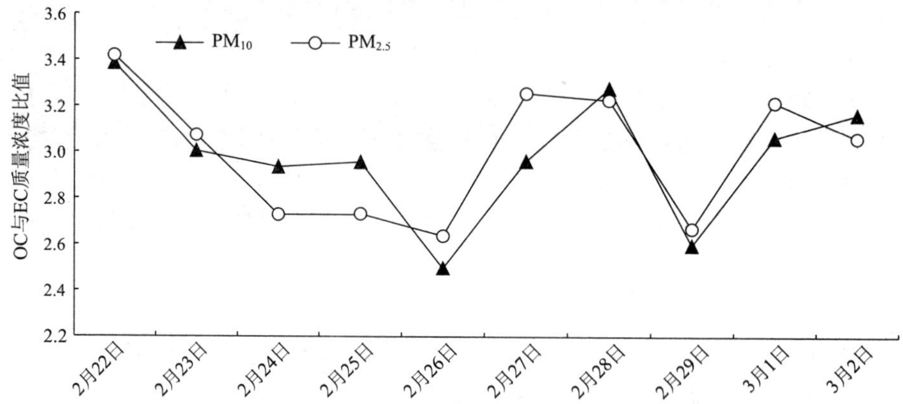

图 5-12 采暖季天津市颗粒物中 OC 与 EC 质量浓度比值

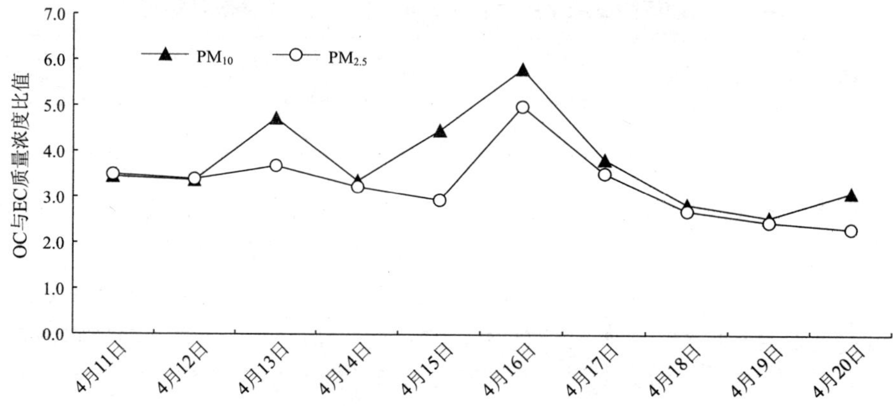

图 5-13 风沙季天津市 PM_{10} 与 $PM_{2.5}$ 中 OC 与 EC 质量浓度比值

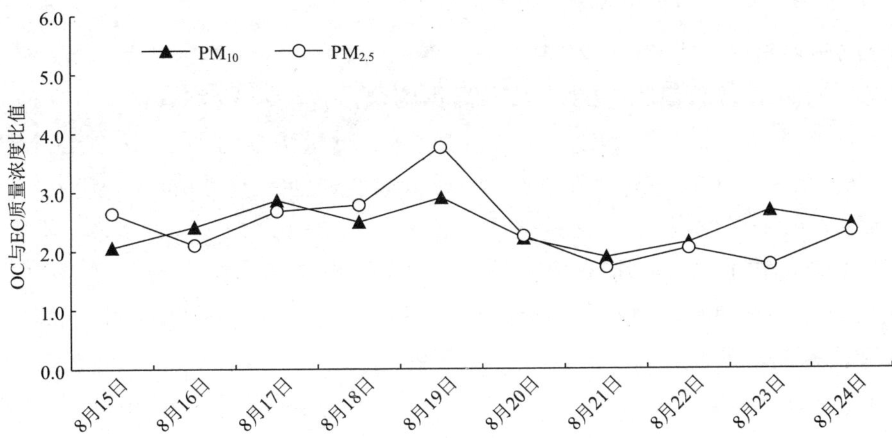

图 5-14　夏季天津市 PM_{10} 与 $PM_{2.5}$ 中 OC 与 EC 质量浓度比值

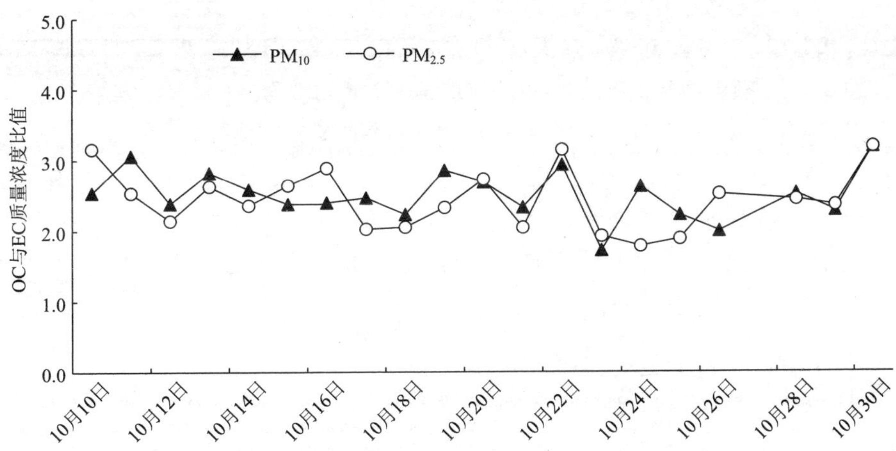

图 5-15　秋季天津市 PM_{10} 与 $PM_{2.5}$ 中 OC 与 EC 质量浓度比值

5.3.2.3　离子

（1）质量浓度与含量。

采暖季、风沙季、夏季、秋季主要离子均为 NO_3^-、SO_4^{2-}、NH_4^+、Cl^-。

采暖季 NO_3^-、SO_4^{2-}、NH_4^+、Cl^- 在 PM_{10} 中质量浓度分别为 11.2 μg/m^3、6.8 μg/m^3、3.4 μg/m^3、3.8 μg/m^3；在 $PM_{2.5}$ 中质量浓度分别为 10.8 μg/m^3、5.8 μg/m^3、3.3 μg/m^3、3.2 μg/m^3。PM_{10} 中以 NO_3^- 含量最高，达到全部无机离子质量浓度的

37.0%，在 $PM_{2.5}$ 中达到 40.9%；其次为 SO_4^{2-}，在 PM_{10} 中达到 22.3%，在 $PM_{2.5}$ 中达到 22.7%；第三位为 Cl^-，达到 12.8%；NH_4^+ 居第四，含量达到 11.1%。在 $PM_{2.5}$ 中第三位为 NH_4^+，含量为 12.8%，Cl^- 居第四位，含量为 12.4%。

风沙季 NO_3^-、SO_4^{2-}、NH_4^+、Cl^- 在 PM_{10} 中质量浓度分别为 16.7 μg/m^3、10.2 μg/m^3、6.5 μg/m^3、3.0 μg/m^3；在 $PM_{2.5}$ 中质量浓度分别为 16.0 μg/m^3、9.3 μg/m^3、7.7 μg/m^3、2.6 μg/m^3。从各离子含量来看，风沙季 PM_{10} 和 $PM_{2.5}$ 中以 NO_3^- 含量最高，分别为 10.7% 和 15.8%；其次为 SO_4^{2-}，分别为 6.8% 和 9.8%；第三位为 NH_4^+，分别 4.2% 和 7.9%；PM_{10} 中 Ca^{2+} 居第四，含量为 3.2%，而在 $PM_{2.5}$ 中居第四的为 Cl^-，含量为 3.4%。

夏季 NO_3^-、SO_4^{2-}、NH_4^+、Cl^- 在 PM_{10} 中质量浓度分别为 5.5 μg/m^3、5.9 μg/m^3、5.7 μg/m^3、1.3 μg/m^3；在 $PM_{2.5}$ 中质量浓度分别为 5.1 μg/m^3、5.1 μg/m^3、4.1 μg/m^3、1.0 μg/m^3。从各离子含量来看，PM_{10} 和 $PM_{2.5}$ 中 SO_4^{2-} 含量较高，分别为 8.4% 和 13.7%；NO_3^- 在 PM_{10} 中与 SO_4^{2-} 含量相近，为 8.4%，在 $PM_{2.5}$ 中为 12.1%；PM_{10} 中 NH_4^+ 位于第三位，为 6.6%，在 $PM_{2.5}$ 中含量较高，为 13.1%；PM_{10} 中 Ca^{2+} 居第四，含量为 3.5%，而在 $PM_{2.5}$ 中居第四的为 Cl^-，含量为 2.7%。

秋季 NO_3^-、SO_4^{2-}、NH_4^+、Cl^- 在 PM_{10} 中质量浓度分别为 15.4 μg/m^3、11.4 μg/m^3、9.0 μg/m^3、3.1 μg/m^3；在 $PM_{2.5}$ 中质量浓度分别为 13.3 μg/m^3、10.9 μg/m^3、9.7 μg/m^3、2.8 μg/m^3。从各离子含量来看，PM_{10} 和 $PM_{2.5}$ 中以 NO_3^- 含量最高，分别为 13.7% 和 15.3%；SO_4^{2-} 在 PM_{10} 中含量为 10.7%，在 $PM_{2.5}$ 中为 13.4%；PM_{10} 中 NH_4^+ 位于第三位，占 8.8%，在 $PM_{2.5}$ 中含量较高，为 12.3%。

通常认为，NO_3^-、SO_4^{2-} 和 NH_4^+ 与二次反应有关，采暖季这 3 种离子在 PM_{10} 中含量达到 18.2%，在 $PM_{2.5}$ 中含量达到 21.5%。风沙季这 3 种离子含量加和在 PM_{10} 中为 22.0%，而在 $PM_{2.5}$ 中达到 32.8%。夏季这 3 种离子含量加和在 PM_{10} 中为 23.5%，而在 $PM_{2.5}$ 中达到 38.9%。秋季这 3 种离子含量加和在 PM_{10} 中为 33.2%，而在 $PM_{2.5}$ 中达到 41.0%。一方面说明，细颗粒中离子比例明显偏高，二次反应问题突出，采暖季最为明显；另一方面，NO_3^- 含量较高，机动车影响明显突出。

各季节一次离子 Ca^{2+} 和 Mg^{2+} 在粗颗粒中的含量都较高（PM_{10} 中大于 $PM_{2.5}$ 中），而 Cl^- 和 K^+ 在细颗粒物中的含量较高（$PM_{2.5}$ 中大于 PM_{10} 中）。Ca^{2+} 和 Mg^{2+} 主要和地壳以及施工建筑等有关，K^+ 与生物质燃烧有关。

（2）二次反应（NOR 和 SOR）。

气态前体物 SO_2、NO_2 向 NO_3^- 和 SO_4^{2-} 的转化过程可以用硫氧化率（SOR）

和氮氧化率（NOR）来表示，较高的 SOR、NOR 值表示大气中存在明显的二次转化过程。在一次污染物中，SOR 值通常小于 0.1，因此可以作为空气中 SO_2 发生二次转化的分界值。计算公式如下：

$$SOR=\frac{[SO_4^{2-}]}{[SO_4^{2-}]+[SO_2]} \tag{5-1}$$

$$NOR=\frac{[NO_3^{-}]}{[NO_3^{-}]+[NO_2]} \tag{5-2}$$

利用上述公式计算 PM_{10} 和 $PM_{2.5}$ 中的 SOR 和 NOR。

采暖季采样期间，天津市 PM_{10} 和 $PM_{2.5}$ 中的 SOR 分别为 0.16 和 0.13，风沙季 SOR 分别为 0.33 和 0.28，夏季 SOR 分别为 0.30 和 0.32，秋季 SOR 分别为 0.36 和 0.34，可见风沙季、夏季和秋季存在较为明显的 SO_2 二次转化过程。

采暖季全市 PM_{10} 和 $PM_{2.5}$ 的 NOR 分别为 0.13 和 0.12，风沙季 NOR 分别为 0.20 和 0.19，夏季的 NOR 均为 0.14，秋季的 NOR 分别为 0.20 和 0.18，说明大气中的 NO_2 二次转化过程不容忽视，尤其是风沙季和秋季。

5.3.2.4 元素

采暖季 PM_{10} 中元素平均加和质量浓度为 11.4 μg/m^3，$PM_{2.5}$ 中元素平均加和质量浓度为 5.8 μg/m^3。从采暖季各元素质量浓度看，PM_{10} 中地壳元素 Si 和 Ca 质量浓度最高，都为 3.1 μg/m^3，其次为 Fe、Al、K、Mg，质量浓度分别为 1.9 μg/m^3、1.2 μg/m^3、1.0 μg/m^3、0.8 μg/m^3。Na 质量浓度较低，为 0.3 μg/m^3。$PM_{2.5}$ 中与 PM_{10} 中类似，地壳元素 Si 和 Ca 质量浓度最高，为 1.5 μg/m^3。其次为 Fe、K、Al、Mg、Na，质量浓度均低于 1.0 μg/m^3。从各组分含量看，PM_{10} 和 $PM_{2.5}$ 中，Ca、Si 元素含量均较高，占元素比例为 1/4 左右，PM_{10} 中 Ca 元素含量超过 Si 元素，可见施工建筑影响显著。

风沙季 PM_{10} 中元素平均加和质量浓度为 18.9 μg/m^3，$PM_{2.5}$ 中元素平均加和质量浓度为 8.7 μg/m^3。从风沙季各元素质量浓度看，PM_{10} 中，地壳元素 Si 质量浓度最高，为 6.3 μg/m^3，其次为 Ca、Fe、Al、Mg、K，质量浓度分别为 5.5 μg/m^3、2.9 μg/m^3、1.8 μg/m^3、1.2 μg/m^3、1.0 μg/m^3。Na 质量浓度较低，为 0.3 μg/m^3。微量元素中，Zn 质量浓度相对较高，为 0.3 μg/m^3。$PM_{2.5}$ 中与 PM_{10} 中类似，地壳元素 Si 质量浓度最高，为 3.0 μg/m^3。其次为 Ca、Fe，质量浓度分别为 2.2 μg/m^3、1.3 μg/m^3。Al、K、Mg、Na 质量浓度均低于 1.0 μg/m^3。微量元素中，Zn 质量浓度与 PM_{10} 中相同，为 3.0 μg/m^3。从各组分含量看，PM_{10} 和 $PM_{2.5}$ 中地壳元素含量分别达到 17.8% 和

14.6%，其中 Ca、Si 元素含量均较高。PM_{10} 中 Ca 元素含量为 5.6%，Si 为 5.0%；$PM_{2.5}$ 中 Ca 元素含量为 6.1%，Si 为 5.0%，可见施工建筑影响显著。

夏季 PM_{10} 中元素平均加和质量浓度为 7.7 μg/m^3，$PM_{2.5}$ 中元素平均加和质量浓度为 3.4 μg/m^3。从夏季各元素质量浓度看，PM_{10} 中，地壳元素 Ca 质量浓度最高，为 2.6 μg/m^3，其次为 Si、Fe，质量浓度分别为 2.1 μg/m^3、1.3 μg/m^3，其余都低于 1.0 μg/m^3。$PM_{2.5}$ 中与 PM_{10} 中类似，地壳元素 Ca 质量浓度最高，为 1.2 μg/m^3。其次为 Si、Fe、Al、K、Mg、Na，质量浓度均低于 1.0 μg/m^3。从各组分含量看，PM_{10} 和 $PM_{2.5}$ 中地壳元素含量分别达到 14.7% 和 10.2%，其中 Ca、Si 元素含量均较高。PM_{10} 中 Ca 元素含量为 4.7%，Si 含量为 2.4%；$PM_{2.5}$ 中 Ca 元素含量为 3.3%，Si 含量为 3.8%，可见施工建筑影响显著。

秋季 PM_{10} 中元素平均加和质量浓度为 10.7 μg/m^3，$PM_{2.5}$ 中元素平均加和质量浓度为 5.2 μg/m^3。从秋季各元素质量浓度看，PM_{10} 中地壳元素 Ca 质量浓度最高，为 3.2 μg/m^3，其次为 Si、Fe，质量浓度分别为 3.1 μg/m^3、1.8 μg/m^3，其余都低于 1.0 μg/m^3。$PM_{2.5}$ 中与 PM_{10} 中类似，地壳元素中 Ca 质量浓度最高，为 1.6 μg/m^3。其次为 Si，质量浓度为 1.4 μg/m^3，Fe、Al、K、Mg、Na 质量浓度均低于 1.0 μg/m^3。从各组分含量看，PM_{10} 和 $PM_{2.5}$ 中地壳元素含量分别达到 15.6% 和 12.5%，其中 Ca、Si 元素含量均较高。PM_{10} 中 Ca 元素含量为 3.5%，Si 为 2.0%；$PM_{2.5}$ 中 Ca 元素含量为 2.3%，Si 为 3.4%。

其他地壳元素中，Fe、Al 和 Mg 元素含量较高，其中 Mg 元素与建筑扬尘以及海盐等有关，Fe、Al 元素与钢铁尘、土壤风沙尘等有关。此外，Si、Ca、Fe、Al 元素易在 PM_{10} 中富集。

5.3.3 空间变化特征

5.3.3.1 采暖季

采暖季颗粒物组分空间差异性明显（如图 5-16、图 5-17 所示）。

东北远郊区燃煤影响突出，SO_4^{2-} 与 NO_3^- 质量浓度比值为区域最高（PM_{10} 中为 1.2、$PM_{2.5}$ 中为 1.3），尤其是蓟州东环路点位 SO_4^{2-} 与 NO_3^- 质量浓度比值（PM_{10} 中为 1.9、$PM_{2.5}$ 中为 2.2）和颗粒物中 OC 含量（PM_{10} 中为 28.3%、$PM_{2.5}$ 中为 26.6%）均为所有点位中最高。

西南远郊区 Cl^- 含量最高（PM_{10} 中为 4.5%、$PM_{2.5}$ 中为 5.4%），小作坊污染严

重。其中静海广海道点位 $PM_{2.5}$ 中的 Cl^- 含量处于全市最高水平（10.8%），约为全市平均水平（5.6%）的两倍。

中心城区、环城区 NO_3^- 含量高于其他区域（中心城区 PM_{10} 中为 9.6%、环城区 PM_{10} 中为 8.9%；中心城区 $PM_{2.5}$ 中为 10.8%、环城区 $PM_{2.5}$ 中为 11.0%），机动车影响显著。

同时中心城区地壳类元素（Si、Al、Ca、Fe）含量较高（中心城区 PM_{10} 中为 24.3%；中心城区 $PM_{2.5}$ 中为 13.8%），扬尘有相当影响。

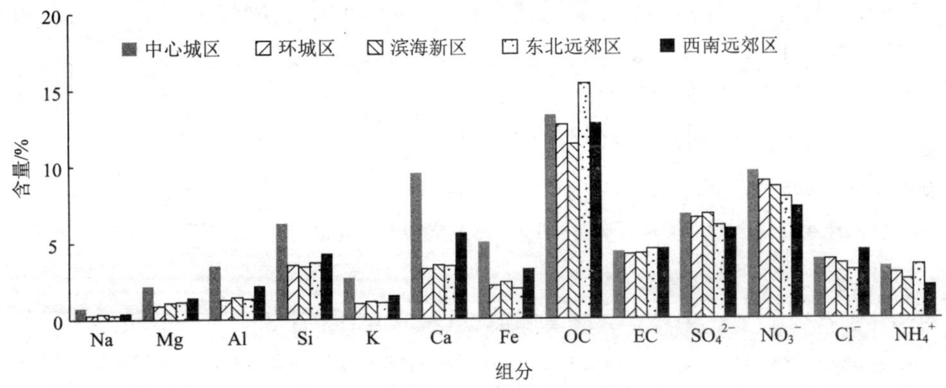

图 5-16　5 个区域采暖季 PM_{10} 化学组分含量

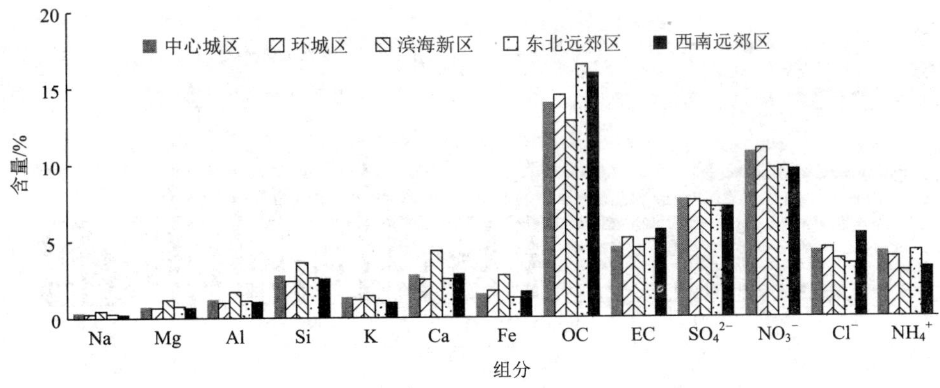

图 5-17　5 个区域采暖季 $PM_{2.5}$ 化学组分含量

5.3.3.2　风沙季

风沙季颗粒物组分空间差异性明显（如图 5-18、图 5-19 所示）。

PM_{10}中主要地壳类元素Si、Al、Mg、Fe、Ca含量均在东北远郊区较高，其中最高值分别出现在蓟州区东环路（Si：7.0%、Al：1.9%），宝坻区宝白路（Fe：3.1%、Mg：1.3%），宁河区滨水东路（Ca：6.5%），可见扬尘影响较大；而环城区的东丽区跃进路Ca含量（6.3%）也处于较高水平，可能受到建筑扬尘影响。

K和OC在东北远郊区的蓟州区东环路、宁河区滨水东路有较高含量，以及OC与EC质量浓度比值较高（PM_{10}中为6.1～7.4；$PM_{2.5}$中为3.5～4.7）。其中K的含量在蓟州区PM_{10}中为1.0%、$PM_{2.5}$中为1.4%，在宁河区PM_{10}中为1.0%、$PM_{2.5}$中为1.3%，OC的含量在蓟州区PM_{10}中为10.0%、$PM_{2.5}$中为13.9%，在宁河区PM_{10}中为10.9%、$PM_{2.5}$中为15.1%，秸秆燃烧和散煤有一定贡献。

西南远郊区静海广海道，Cl^-含量仍为各区最高（PM_{10}中为4.3%，$PM_{2.5}$中为9.9%），分别为全市平均水平的1.8倍和3倍；小作坊污染严重。

中心城区河东区大直沽八号路、和平区南口路、河西区前进道，$PM_{2.5}$中OC（12.4%～14.6%）、NO_3^-（17.5%～19.6%）、SO_4^{2-}（11.5%～11.7%）的含量较高，机动车和燃煤的影响显著。

滨海新区塘沽营口道，OC含量偏低，EC含量较高，OC与EC质量浓度比值处于全市最低水平（PM_{10}中为2.0；$PM_{2.5}$中为1.9）。生态城汉北路PM_{10}中SO_4^{2-}（17.3%）、NO_3^-（9.3%）含量较高，受到工业、港口船舶以及大货车的影响。

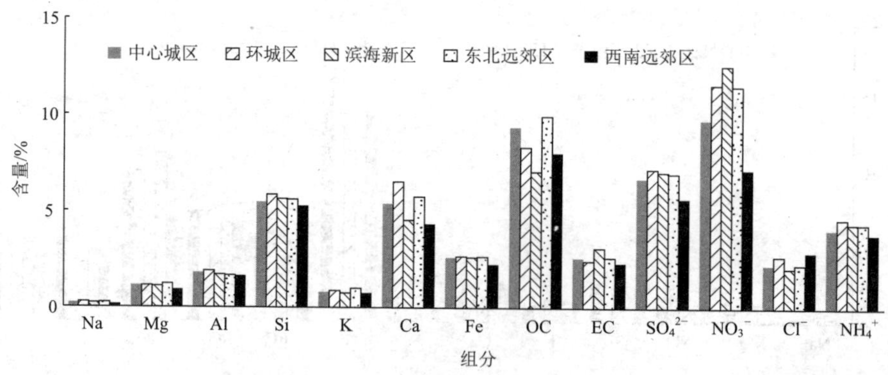

图5-18 5个区域风沙季PM_{10}化学组分含量

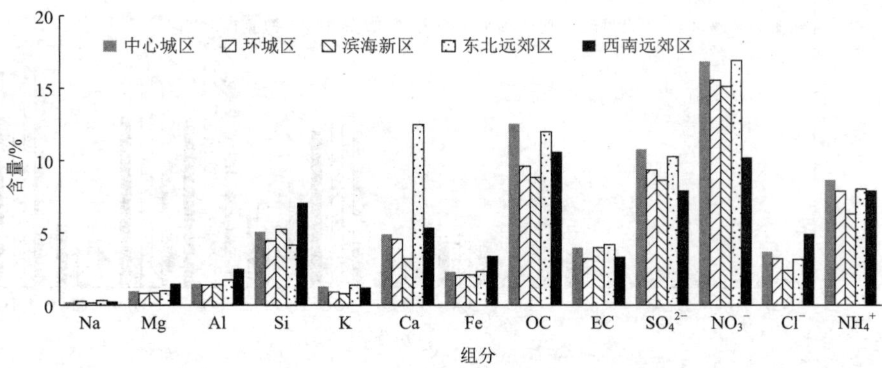

图5-19 5个区域风沙季 $PM_{2.5}$ 化学组分含量

5.3.3.3 夏季

夏季颗粒物组分空间差异性明显（如图5-20、图5-21所示）。

东北远郊区OC（PM_{10} 中为9.9%、$PM_{2.5}$ 中为11.2%）和K元素含量、OC与EC质量浓度比值较高（PM_{10} 中为2.5、$PM_{2.5}$ 中为2.1），燃煤及生物质燃烧影响仍较大。

中心城区和二次组分含量较高，机动车和扬尘影响较大。

环城区 NH_4^+、NO_3^- 和 SO_4^{2-} 含量偏高，含量加和占到 PM_{10} 的25.8%、$PM_{2.5}$ 的47.5%，二次颗粒物的贡献明显。

西南远郊区 Cl^- 含量、OC与EC质量浓度比值以及 PM_{10} 中Ca含量偏高，受拆解电线等作坊、冶金制造等排放和扬尘的影响明显。

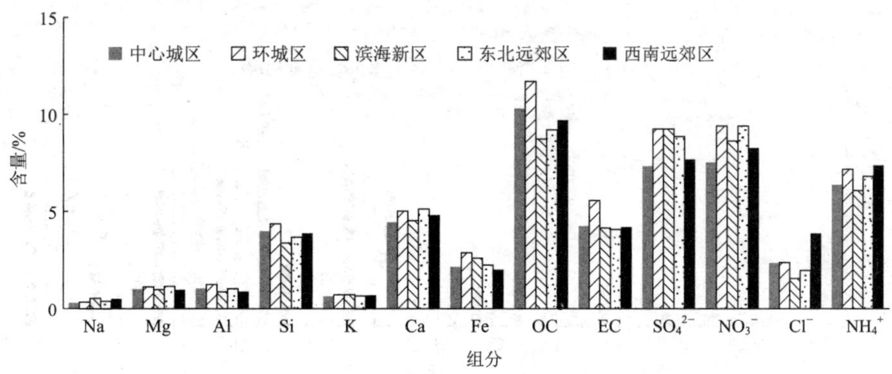

图5-20 5个区域夏季 PM_{10} 化学组分含量

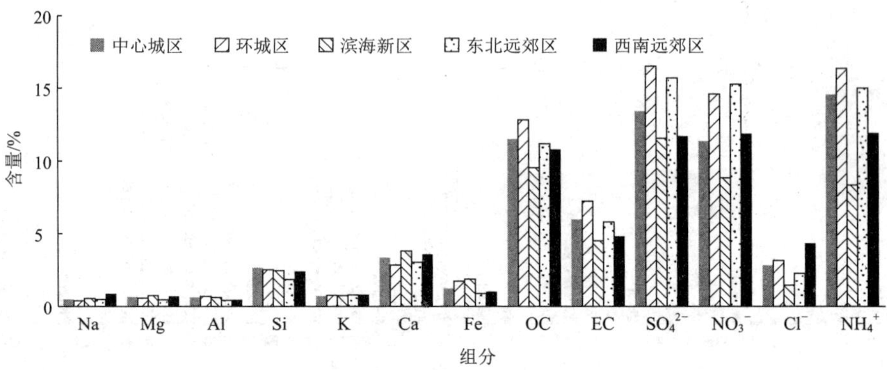

图 5-21 5 个区域夏季 $PM_{2.5}$ 化学组分含量

滨海新区 $PM_{2.5}$ 中 Mg、Ca 含量以及 SO_4^{2-} 与 NO_3^- 质量浓度比值（1.6）高于其他区域，扬尘和燃煤源的影响较大。

5.3.3.4 秋季

秋季颗粒物组分空间差异性明显（如图 5-22、图 5-23 所示）。

各区域组分和污染来源差异显著，变化趋势各异。5 个区域相比，环城区 $PM_{2.5}$ 中 NO_3^- 和碳组分（OC、EC）含量较高，机动车污染排放的影响较大；中心城区、环城区和东北远郊区 $PM_{2.5}$ 中 SO_4^{2-} 含量都高于 13%，OC 与 EC 质量浓度比值较高，燃煤和二次源影响较大；滨海新区的地壳元素（Si、Al、Ca、Mg 等）含量加和最高，在 PM_{10} 和 $PM_{2.5}$ 分别达 9.5% 和 6.7%，扬尘的影响明显；西南远郊区 Cl^- 含量、OC 与 EC 质量浓度比值都为 5 个区域中最高水平，受拆解电线等作坊、冶金制造等排放的影响明显。

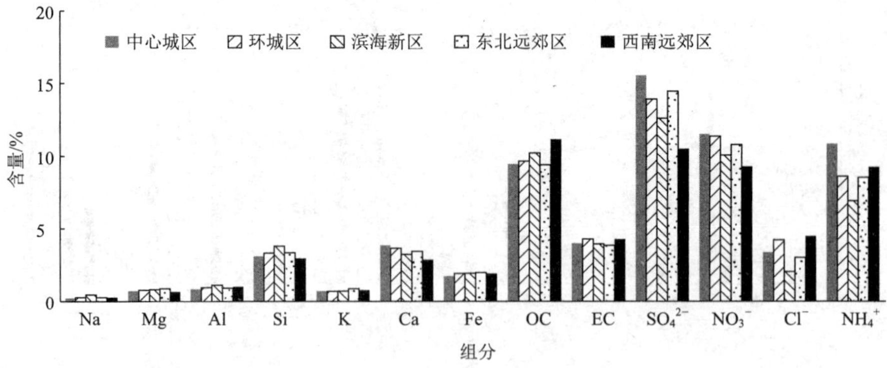

图 5-22 5 个区域秋季 PM_{10} 化学组分含量

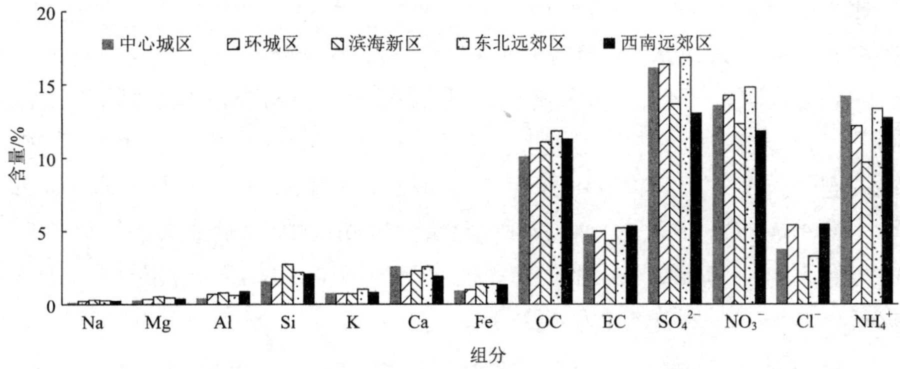

图 5-23　5 个区域秋季 $PM_{2.5}$ 化学组分含量

5.3.4　长时间序列变化特征

在项目开展期间对天津市监测中心、南开大学两个点位（以下简称市站、南大）开展连续采样（每 3 天采集一组样品），重污染期间加密采样。连续采样时间从 2016 年 2 月 22 日至 2016 年 10 月 30 日，分别经历采暖季、风沙季、夏季、秋季。从颗粒物质量浓度变化趋势（如图 5-24 所示）可以看出，颗粒物质量浓度在 3 月上旬出现明显高峰，4 月和 10 月颗粒物质量浓度也较高，而且在颗粒物质量浓度升高阶段，$PM_{2.5}$ 与 PM_{10} 质量浓度比值也升高，可见污染过程中细颗粒物源的贡献增大。

连续采样过程中 PM_{10} 和 $PM_{2.5}$ 中组分含量时间变化趋势如图 5-25 所示。①地壳元素（Mg、Al、Si、Ca、Fe、Mn 等）的含量表现为风沙季 > 夏季 > 秋季 > 采暖季，

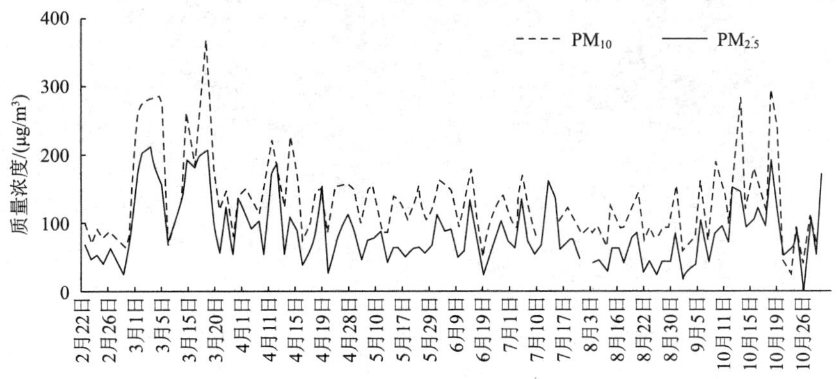

图 5-24　市站、南大连续采样期间颗粒物质量浓度变化

这与天津市春季易受沙尘天气影响有关，此外，春夏季建筑施工活动频次较高，且天津市春夏季平均风速高于其他季节，易引起扬尘污染。②碳组分的含量有显著季节性差异，采暖季 > 夏季 > 秋季 > 风沙季，受冬季燃煤排放的影响，碳组分含量高于其他季节。③ SO_4^{2-} 含量表现为夏季 > 秋季 > 风沙季 > 采暖季，SO_4^{2-} 是夏季颗粒物中含量最大的物质中含量最大的组分；而 NO_3^- 含量为秋季 > 风沙季 > 采暖季 > 夏季，NO_3^- 是秋季颗粒物中含量最大的物质中含量最大的组分；夏季最低可能与 NH_4NO_3 在高温下极不稳定、易于挥发有关；NH_4^+ 在采样期间含量变化较为稳定。

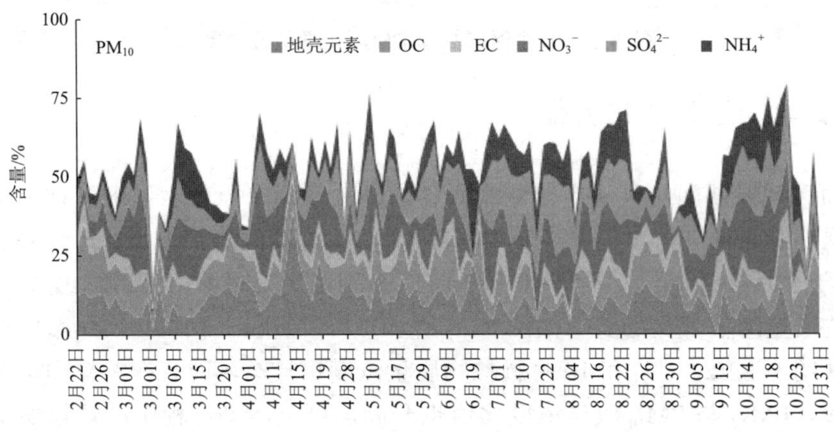

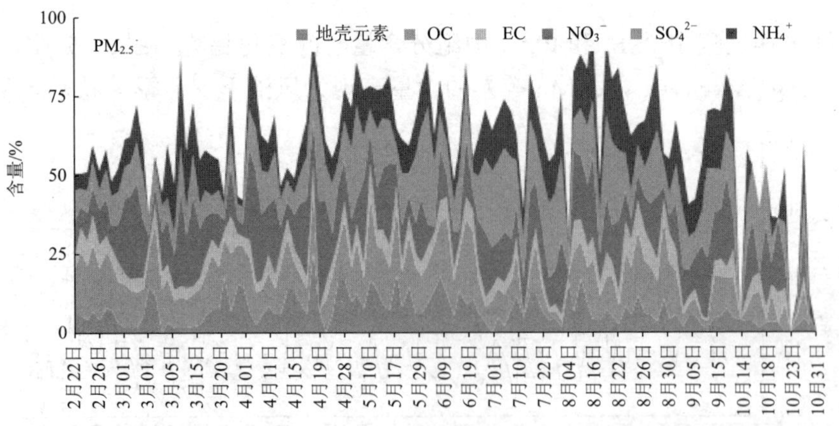

图 5-25 连续采样过程中 PM_{10} 和 $PM_{2.5}$ 化学组分含量时间变化趋势

5.3.5　年际变化对比

由于天津市历次源解析研究的粒径和季节不同，源解析技术路线也各不相同，这些差异给比较分析造成一定局限。1985 年只进行了采暖季 PM_{10} 的解析，2002 年进行了全年 PM_{10} 和 TSP 的研究，而 2011 年进行了春季、秋季、冬季的 PM_{10} 和 $PM_{2.5}$ 的研究，2014 年只进行了冬季的解析。所以本研究化学组分特征年际对比，仅针对 2011 年、2014 年、2016 年采暖季（冬季），2011 年、2016 年风沙季（春季），2011 年、2016 年秋季进行分析。

5.3.5.1　采暖季

2016 年采暖季颗粒物质量浓度下降明显，污染控制取得一定成效，但仍是采暖期首要污染物。PM_{10} 和 $PM_{2.5}$ 质量浓度分别从 2011 年的 250 μg/m^3 和 148 μg/m^3 降至 2016 年的 97 μg/m^3 和 69 μg/m^3，降幅分别达到 61.2% 和 53.4%。6 项污染物中，颗粒物对综合指数贡献比例超过 50%，且呈缓慢上升趋势，其中 $PM_{2.5}$ 贡献为 6 项污染物中最高的，达 30% 左右，PM_{10} 次之，接近 25%。

2016 采暖季与 2011 年、2014 年同期相比，颗粒物中多数化学组分质量浓度下降明显，SO_4^{2-}、OC 质量浓度变化显著（如图 5-26 和图 5-27 所示）。与 2014 年相比，SO_4^{2-} 质量浓度大幅降低，降幅达 50% 以上，OC 质量浓度略有下降，但含量显著上升，增幅超过 30%，NO_3^- 质量浓度稳中有降，地壳元素（Si、Al、Ca 等）质量浓度下降，SO_4^{2-} 与 NO_3^- 质量浓度比值从 2014 年的 1.5 降低到 2016 年的 0.8。

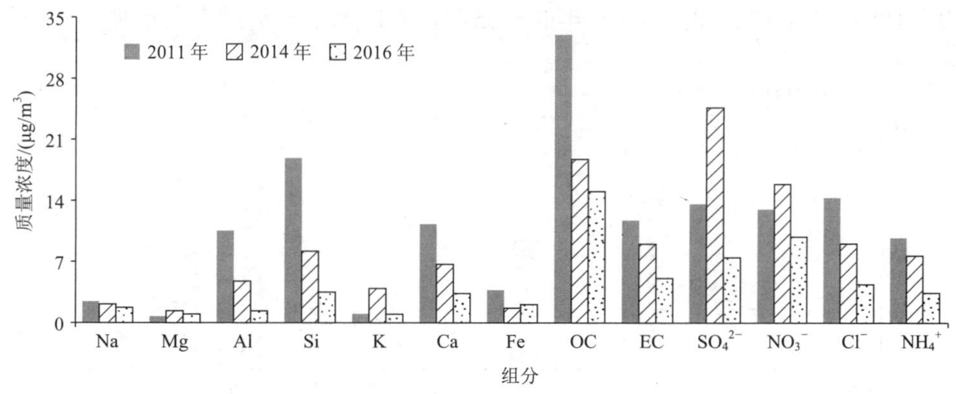

图 5-26　2011 年、2014 年、2016 年采暖季 PM_{10} 化学组分质量浓度变化

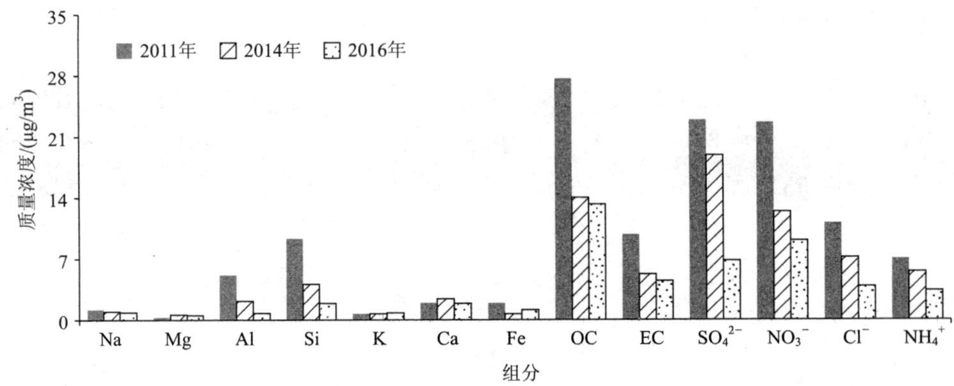

图 5-27 2011 年、2014 年、2016 年采暖季 $PM_{2.5}$ 化学组分质量浓度变化

5.3.5.2 风沙季

2016 年风沙季 PM_{10} 质量浓度下降明显，$PM_{2.5}$ 质量浓度降幅较小，污染控制取得一定成效。PM_{10} 和 $PM_{2.5}$ 质量浓度分别从 2011 年的 220 μg/m³ 和 85 μg/m³ 降至 2016 年的 123 μg/m³ 和 77 μg/m³，降幅分别达到 44.1% 和 9.4%。

与 2011 年同期相比，颗粒物中 SO_4^{2-} 和地壳类元素含量下降明显，NO_3^-、NH_4^+ 质量浓度明显增加(如图 5-28 和图 5-29 所示)。SO_4^{2-} 质量浓度大幅降低(PM_{10} 中降幅为 65.2%，$PM_{2.5}$ 中降幅为 47.1%)，NO_3^- 质量浓度显著上升（PM_{10} 中增幅为 24.1%，$PM_{2.5}$ 中增幅为 396.6%)，OC 质量浓度稳中有降，地壳类元素（Si、Ca、Al、Fe 等）质量浓度下降明显，降幅均超过 50%。SO_4^{2-} 与 NO_3^- 质量浓度比值从 2011 年的 2.17 降低到 2016 年的 0.85，说明机动车的贡献有所增加。

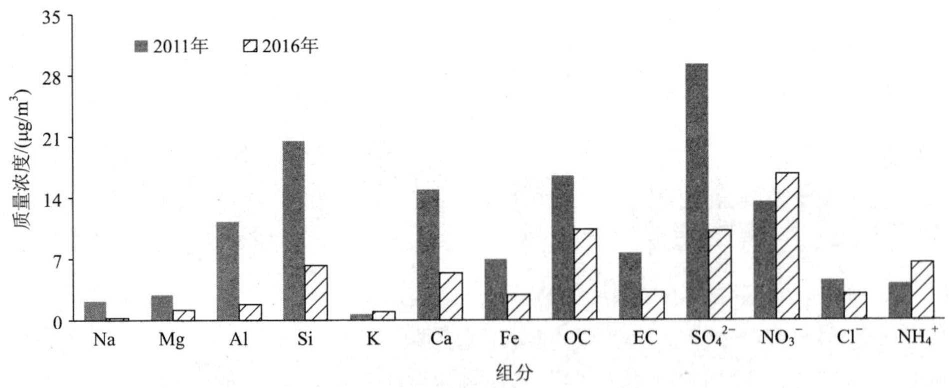

图 5-28 2011 年、2016 年风沙季 PM_{10} 化学组分质量浓度变化

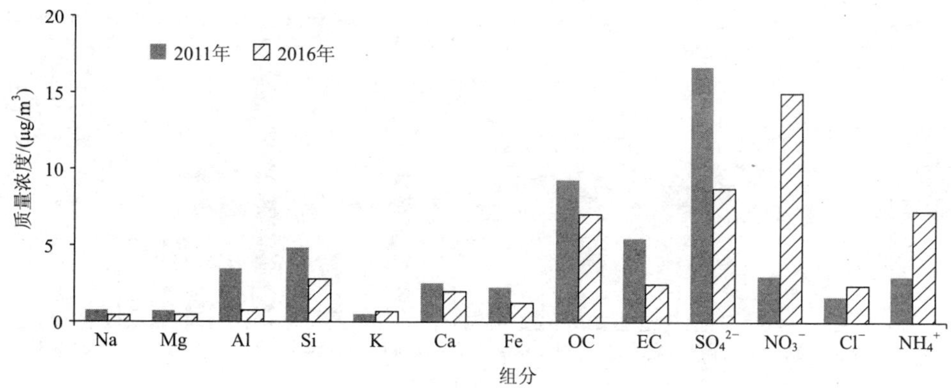

图 5-29　2011 年、2016 年风沙季 $PM_{2.5}$ 化学组分质量浓度变化

5.3.5.3　秋季

2016 年秋季 PM_{10} 和 $PM_{2.5}$ 质量浓度下降明显，污染控制取得一定成效。PM_{10} 和 $PM_{2.5}$ 质量浓度分别从 2011 年的 223 μg/m^3 和 171 μg/m^3 降至 2016 年的 101 μg/m^3 和 78 μg/m^3，降幅分别达到 54.7% 和 54.4%。

与 2011 年同期相比，颗粒物中 SO_4^{2-} 和地壳类元素质量浓度下降明显，$PM_{2.5}$ 中 NO_3^-、NH_4^+ 和 Cl^- 质量浓度明显增加（如图 5-30 和图 5-31 所示）。$PM_{2.5}$ 中 SO_4^{2-} 质量浓度大幅降低，降幅超过 70%，NO_3^- 质量浓度显著上升，OC 质量浓度稳中下降。PM_{10} 中 Si、Ca、Al 等质量浓度下降明显，降幅均超过 50%。

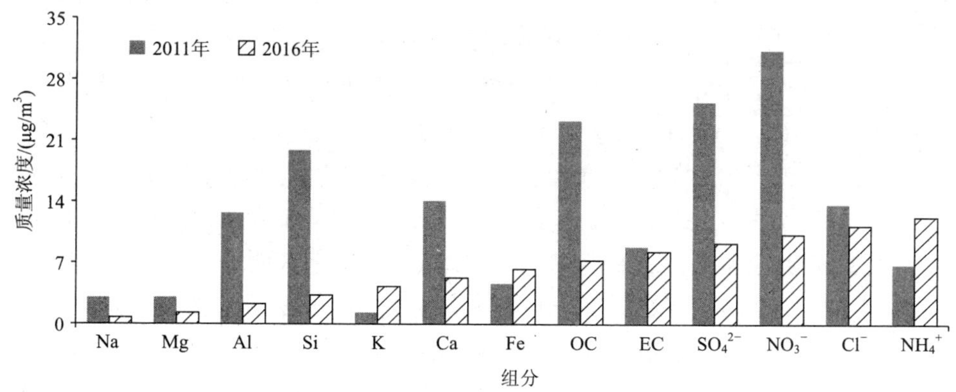

图 5-30　2011 年、2016 年秋季 PM_{10} 化学组分质量浓度变化

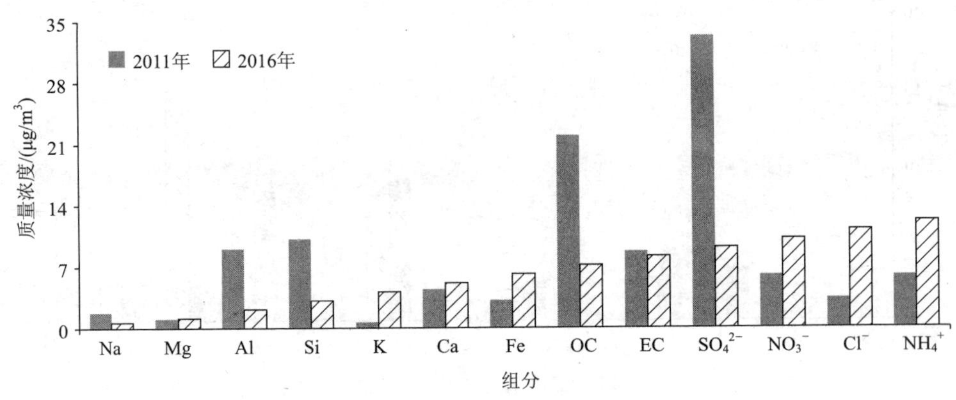

图 5-31 2011 年、2016 年秋季 $PM_{2.5}$ 化学组分质量浓度变化

5.4 本章小结

（1）采暖季（2016 年 2 月 22 日—3 月 2 日）采样期间，$PM_{2.5}$ 质量浓度在 10 ～ 215 μg/m^3 之间，PM_{10} 质量浓度在 16 ～ 283 μg/m^3 之间；风沙季（2016 年 4 月 11 日—21 日）采样期间，$PM_{2.5}$ 质量浓度在 11 ～ 278 μg/m^3 之间，PM_{10} 质量浓度在 28 ～ 412 μg/m^3 之间；夏季（2016 年 8 月 16 日—31 日）采样期间，$PM_{2.5}$ 质量浓度在 5 ～ 120 μg/m^3 之间，PM_{10} 质量浓度在 6 ～ 132 μg/m^3 之间；秋季（2016 年 10 月 12 日—21 日）采样期间，$PM_{2.5}$ 质量浓度在 15 ～ 271 μg/m^3 之间，PM_{10} 质量浓度在 27 ～ 329 μg/m^3 之间。总体而言，采样期间天津市颗粒物浓度均处于相对较低水平，多数在良至轻度污染水平，个别天出现重度污染。

（2）采样期间，PM_{10} 和 $PM_{2.5}$ 中碳含量在采暖季最高，主要受到燃煤源影响；地壳元素（Si、Ca、Al、Fe 等）含量风沙季最高，其中 Si 的增幅超过 1 倍，扬尘源影响增加；离子含量夏季和秋季较高，夏季 PM_{10} 和 $PM_{2.5}$ 中 SO_4^{2-}、NO_3^- 和 NH_4^+ 含量加和分别达到 23.5% 和 38.9%，秋季 PM_{10} 和 $PM_{2.5}$ 中 SO_4^{2-}、NO_3^- 和 NH_4^+ 含量加和分别达到 33.2% 和 41.0%，二次源的影响较明显。

（3）4 个采样季节的颗粒物组分空间差异性都比较明显，而且区域分布特征较为相近。①东北远郊区始终受燃煤影响突出，其中采暖季 OC 含量和 SO_4^{2-} 与 NO_3^- 质量浓度比值为区域最高。风沙季和夏季 OC 含量较高，OC 与 EC 质量浓度比值也较高，秸秆燃烧和散煤都有一定贡献。同时风沙季受扬尘影响较大，粗颗粒 PM_{10} 中主要地壳类元素含量均在东北远郊区较高。②西南远郊区 Cl^- 含量始终最高，为全市平均水平的 2 ～ 3 倍，受拆解电线、冶金制造等高氯工业排放影响明显。③中心城区、环城区 4 个季节的 PM_{10} 中地壳类元素含量都较高，扬尘的影响显著；$PM_{2.5}$ 中 OC、NO_3^- 的质量浓度和含量都较高，机动车污染排放的影响较大。不同的是夏季环城区 NH_4^+、NO_3^- 和 SO_4^{2-} 含量升高，二次颗粒物的贡献明显增加。④采暖季、夏季和秋季滨海新区地壳元素含量明显高于其他区域，扬尘源的影响较大；而风沙季滨海新区 OC 含量偏低，EC 含量较高，OC 与 EC 质量浓度比值处于全市最低水平，SO_4^{2-}、NO_3^- 含量较高，受到工业、港口船舶以及大货车的影响。

（4）2016 年采暖季、风沙季和秋季颗粒物质量浓度与历年同期相比下降明显，污染控制取得一定成效。2016 年采暖季与 2011 年、2014 年同期相比，颗粒物中多数化学组分质量浓度下降明显，SO_4^{2-}、OC 质量浓度变化显著。2016 年风沙季与 2011 年同期相比，颗粒物中 SO_4^{2-} 和地壳类元素质量浓度下降明显，NO_3^-、NH_4^+ 质量浓度明显增加。2016 年秋季与 2011 年同期相比，$PM_{2.5}$ 中 SO_4^{2-} 和地壳类元素质量浓度下降明显，NO_3^-、NH_4^+ 和 Cl^- 质量浓度明显增加。

第6章　源成分谱建立

为建立天津市精细化污染源类成分谱，根据《大气颗粒物来源解析技术指南》和颗粒物污染源识别的结果，2015—2017年进行了开放源（城市扬尘、土壤风沙尘、生物质燃烧尘和建筑水泥尘）、固定源（煤烟尘、冶金尘）以及流动源的源样品采集。相比于2014年构建的天津市源谱，本研究新增了$PM_{2.5}$细粒径段源谱，并在原有基础上丰富了PM_{10}和$PM_{2.5}$的源类。

6.1　开放源

源样品采集满足代表性、真实性和特（个）性的基本原则。开放源样品的采集包括城市扬尘、土壤风沙尘、生物质燃烧尘和建筑水泥尘，由于开放源的排放面大、强度低、受周边环境干扰强，实地采样往往难以获得具有代表性的样品，故在实地直接采集构成源的全粒径物质后，再利用再悬浮采样器，进行颗粒物源样品的采集。

NK-ZXF颗粒物再悬浮采样器包括送样系统、悬浮箱、切割器以及采样气路（如图6-1所示）。利用再悬浮采样器的悬浮箱，使已干燥、筛分好的开放源颗粒物样品悬浮其内，并和洁净空气混合，开放源样品再悬浮后，采集多个粒径段的开放源样品。

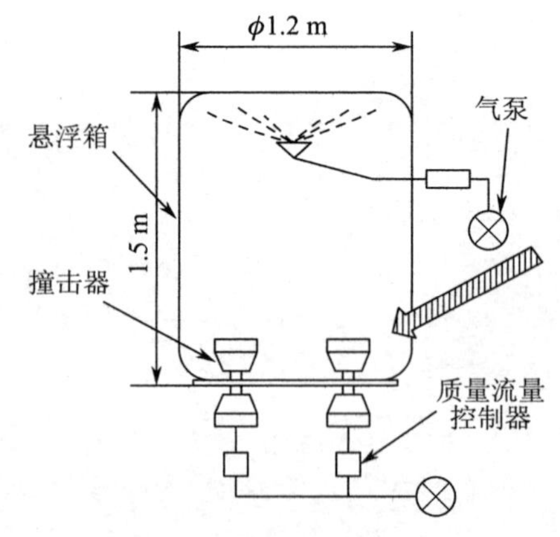

图6-1　NK-ZXF颗粒物再悬浮采样器结构示意图

为了获得与环境空气中PM_{10}与$PM_{2.5}$粒度相匹配的真实的源样品，同时也能模拟颗粒物进入环境空气中的真实过程，源样品需要进行再悬浮，以获取 PM_{10} 与 $PM_{2.5}$ 源样品。得到实际采样数量共 127 个，有效数据量共 240 条。开放源样品制备情况如表 6-1 所示。开放源样品前处理情况如图 6-2 所示。

表 6-1 开放源制备样品信息

源类型	实际采样数量 / 个	有效数据量 / 条
土壤风沙尘	21	42
城市扬尘	100	186
建筑水泥尘	6	12
总计	127	240

注：生物质燃烧尘不用再悬浮，故未列入。

6.1.1 城市扬尘

（1）采样方法与布点。

因城市扬尘源样品化学组成会随其他颗粒物排放源的季节性变化而变化，故选择在采暖季和非采暖季分两次进行采样。本研究于 2016 年 1—2 月和 2016 年 7—9 月分别开展采暖季与非采暖季的扬尘样品采集。

图 6-2 开放源样品前处理

城市扬尘样品的布点充分考虑了城市的功能区划、地理位置和主导风向等，结合空气质量监测点（国控、市控）的布局，在受体监测点周围（1 km 范围内）选择临街两边的居住区、商业区楼房、工业区厂房等建筑物（一般采样高度 5 ～ 20 m，二楼以上）布设采样点，在每个受体采样点四周采集样品，实际共采集 100 个样品。在样品采集时，选取周边没有或远离其他局部污染源的地方，用毛刷采集楼房、仓库等建筑物的窗台、储物架等平台上积累时间较长的降尘，采集量为 50 ～ 200 g，同时做好采样记录并带回实验室。采集信息如表 6-2 和表 6-3 所示。样品采集现场如图 6-3 所示。

表 6-2 城市扬尘（采暖季）采样点位信息一览表

受体点位	编号	经纬度	位置
和平区	1-1	117.19°E, 39.11°N	睦南道 102 号
	1-2	117.19°E, 39.11°N	睦南道 102 号
	1-3	117.19°E, 39.11°N	睦南道 102 号
武清区	2-1	117.06°E, 39.38°N	武清环保局楼内杂物间
	2-2	117.07°E, 39.36°N	武清慧翔龙苑 4 号楼一楼窗台
	2-3	117.06°E, 39.38°N	武清粮食公寓 8 号楼楼道内
河西区	3-1	117.22°E, 39.15°N	前进道祺寿里小区 23 号楼内
	3-2	117.22°E, 39.10°N	前进道河西环保局院内
	3-3	117.23°E, 39.09°N	前进道平江南里小区 70 号楼内
南开区	4-1	117.17°E, 39.11°N	环科院
北辰区	5-1	117.19°E, 39.21°N	淮河道秋怡小学院内
	5-2	117.19°E, 39.21°N	淮河道秋怡小学院内
	5-3	117.19°E, 39.21°N	淮河道秋怡小学院内
河东区	6-1	117.23°E, 39.11°N	河东区八纬路直沽园 13 号楼 3 门
	6-2	117.24°E, 39.11°N	河东区八纬路空前东园 3 号楼 2 门
	6-3	117.24°E, 39.11°N	河东区直沽街汇贤里 23 号楼 4 门
红桥区	7-1	117.17°E, 39.19°N	红桥勤俭道东大楼小区 5 号楼内
	7-2	117.17°E, 39.18°N	红桥勤俭道洪湖雅园小区 2 号楼
	7-3	117.15°E, 39.18°N	红桥勤俭道福居公寓小区 3 号楼
滨海塘沽地区	8-1	117.65°E, 39.02°N	滨海新区营口道
	8-2	117.64°E, 39.02°N	滨海新区烟台道向阳里
	8-3	117.67°E, 39.02°N	滨海新区大连道民泰里
滨海汉沽地区	9-1	117.79°E, 39.25°N	汉沽一经路 15 号
	9-2	117.79°E, 39.25°N	汉沽一经路 15 号
	9-3	117.79°E, 39.25°N	汉沽一经路 15 号
滨海大港地区	10-1	117.46°E, 38.84°N	永明路
	10-2	117.46°E, 38.84°N	永明路
	10-3	117.46°E, 38.84°N	永明路
东丽区	11-1	117.31°E, 39.09°N	东丽区环保局
	11-2	117.31°E, 39.09°N	东丽区泰安里 16 号楼
	11-3	117.31°E, 39.08°N	跃进南里 3 号楼
河北区	12-1	117.19°E, 39.17°N	车辆厂楼道内及厂院厂房窗台
	12-2	117.19°E, 39.18°N	北京路局天津建筑段办公楼内

受体点位	编号	经纬度	位置
河北区	12-3	117.19°E, 39.17°N	华夏未来教学楼及周边平房
静海区	13-1	117.00°E, 38.94°N	静海区华夏科技园 4 排 1 号
	13-2	116.90°E, 38.95°N	静海区北安楼小区 4 号楼内
	13-3	116.92°E, 38.94°N	静海区聚圣里小区 8 号楼内
宁河区	14-1	117.82°E, 39.32°N	宁河区芦台镇朝阳路 24 栋楼内
	14-2	117.83°E, 39.32°N	宁河区芦台镇璞玉公路冠达公司
	14-3	117.79°E, 39.31°N	宁河区经济开发区五纬路成发钢管
宝坻区	15-1	117.30°E, 39.79°N	宝坻区进京路岳园小区 7 ～ 14 号楼内
	15-2	117.30°E, 39.72°N	宝坻区建设路环保局 2 ～ 4 号楼内
	15-3	117.30°E, 39.72°N	宝坻区中保楼小区 3 ～ 10 号楼内
蓟州区	16-1	117.41°E, 40.05°N	蓟州区东环路时代花园小区 37 号楼
	16-2	117.45°E, 40.04°N	蓟州区东环路引滦小区 10 号楼
	16-3	117.44°E, 40.04°N	蓟州区东环路翠湖新村 7 号楼
滨海开发区	17-1	117.71°E, 39.04°N	第四大街
	17-2	117.71°E, 39.04°N	第四大街
	17-3	117.71°E, 39.04°N	第四大街
西青区	18-1	116.99°E, 39.14°N	西青宾馆
	18-2	116.99°E, 39.15°N	西河闸社区
	18-3	116.98°E, 39.14°N	诺曼底橡胶有限公司

表 6-3　城市扬尘（非采暖季）采样点位信息一览表

受体点位	编号	经纬度	位置
滨海塘沽地区	1-1	117.62°E, 39.02°N	京达明居
	1-2	117.63°E, 39.02°N	锦州里
	1-3	117.65°E, 38.98°N	中船重工大厦
滨海汉沽地区	2-1	117.80°E, 39.20°N	汉沽一经路
	2-2	117.79°E, 39.20°N	汉沽一经路
	2-3	117.79°E, 39.18°N	汉沽一经路
滨海开发区	3-1	117.71°E, 39.04°N	第四大街
	3-2	117.71°E, 39.04°N	第四大街
	3-3	117.71°E, 39.04°N	第四大街
和平区	4-1	117.17°E, 39.10°N	和平区卫华里小区

受体点位	编号	经纬度	位置
宝坻区	5-1	117.28°E, 39.78°N	宝坻区进京路岳园小区 19 ～ 24 号楼内
	5-2	117.30°E, 39.72°N	宝坻区建设路环保局 2 ～ 4 号楼内
	5-3	117.28°E, 39.70°N	宝坻区中保楼小区 3 ～ 10 号楼内
宁河区	6-1	117.82°E, 39.28°N	宁河滨玉公路冠达院内
	6-2	117.80°E, 39.31°N	晟发钢管院内
静海区	7-1	116.98°E, 38.93°N	静海区华厦科技园 4 排 1 号
	7-2	116.98°E, 38.92°N	静海区北安楼小区 4 号楼内
	7-3	—	静海区聚圣里小区 8 号楼内
西青区	8-1	116.99°E, 39.14°N	西青宾馆住宿楼
	8-2	—	西河闸宿舍楼道内
	8-3	—	诺曼底橡胶有限公司车间
河东区	9-1	117.17°E, 39.10°N	河东区八纬路直沽园小区
	9-2	117.23°E, 39.10°N	河东区津塘村道艺苑里小区
	9-3	117.23°E, 39.10°N	河东区大直沽前街宫前园西区
东丽区	10-1	—	崔家码头小区
	10-2	—	东丽中河化工
	10-3	—	新立街还迁房
蓟州区	11-1	117.40°E, 40.03°N	蓟州区东环路时代花园小区楼内
	11-2	117.45°E, 40.04°N	蓟州区东环路引滦小区楼内
	11-3	117.45°E, 39.03°N	蓟州区东环路翠湖新村小区楼内
北辰区	12-1	117.12°E, 39.27°N	北辰区双辰中路 5 号
	12-2	117.13°E, 39.26°N	北辰区双街镇政府
	12-3	117.10°E, 39.27°N	北辰区双街模范小学
河西区	13-1	117.22°E, 39.05°N	解放南路西江道 1 号天津市复印设备公司
	13-2	117.20°E, 39.08°N	前进道河西环保局院内
	13-3	117.17°E, 39.08°N	环湖中路气象南里 36 号体北供热站
红桥区	14-1	—	—
	14-2	—	—
武清区	15-1	—	—
	15-2	—	—
	15-3		
滨海大港地区	16-1	—	—
	16-2	—	—

受体点位	编号	经纬度	位置
滨海大港地区	16-3	—	—
河北区	17-1	—	—
	17-2	—	—
	17-3	—	—

图 6-3　城市扬尘样品采集现场

（2）源谱。

城市扬尘作为混合源，受多种一次源类的共同影响，多种源类的特征元素在扬尘源成分谱中均有体现。如图 6-4 所示，采暖季与非采暖季的扬尘源谱近似，城市扬尘 PM_{10}、$PM_{2.5}$ 成分谱中 Si、Ca、OC、SO_4^{2-} 四类组分含量较高，其他组分 Al、Fe 等也占有一定比例。

采暖季 Ca 元素在 $PM_{2.5}$、PM_{10} 中含量最高，达 0.11 ～ 0.13 g/g；非采暖季 Si 元素含量最高，在 $PM_{2.5}$、PM_{10} 中含量均约为 0.10 g/g；而其他组分 Al、Fe 等元素同为地壳元素，也占有一定的比例，可见城市扬尘受到土壤风沙尘影响较多。而 OC、SO_4^{2-} 含量在采暖季比非采暖季高 2 ～ 3 个百分点，可见采暖季扬尘受到煤烟尘影响较大。

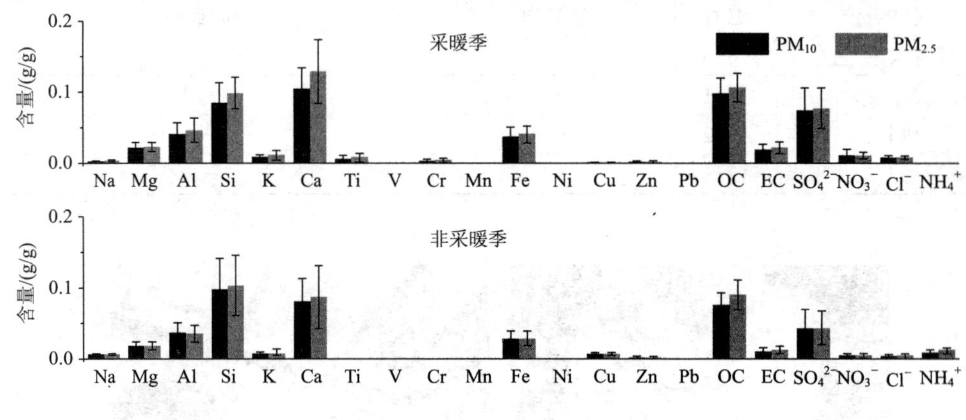

图 6-4 天津市城市扬尘源谱

6.1.2 土壤风沙尘

（1）采样方法与布点。

因土壤尘源样品的物理特性和化学组成相对稳定，无显著的季节性差异，故可以不考虑季节因素。本研究于 2016 年 10 月开展采样。

在天津市郊（距市区 20 km 左右）东、南、西、北、东北、东南、西北、西南 8 个方向以及主导风向选择裸露农田、河滩或果园采集土壤风沙尘，各方向上均匀布点，分别采样。布点周围避免烟尘、工业粉尘、汽车、建筑工地等人为污染源的干扰。经调查，天津市主导风向为西南风，宁河位于天津市下风向，静海位于上风向，根据天津市基本地貌，土壤风沙尘共布设 21 个点位，清除地表植物碎屑等杂物，以梅花布点法采集表层土壤和 0 ～ 20 cm 内的下层土壤，采集量为 200 g/（袋 · 点位），采集样品共计 21 个，同时做好采样记录并带回实验室。样品采集信息如表 6-4 所示。土壤风沙尘采集现场如图 6-5 所示。

表 6-4 土壤风沙尘采样点位信息一览表

受体点位	编号	经纬度	土地类型
武清区（杨王路）	1-1	116.92°E, 39.38°N	农田
武清区（杨王路）	1-2	116.92°E, 39.38°N	林地
武清区（通达路）	1-3	116.85°E, 39.43°N	玉米农田和林地混合
武清区（武落路）	1-4	116.83°E, 39.46°N	玉米农田和果园混合
武清区（城关镇）	1-5	116.86°E, 39.50°N	果园和林地混合

受体点位	编号	经纬度	土地类型
宝坻区（孙家台村）	2-1	117.26°E, 39.58°N	农田
宝坻区（潮白新河）	2-2	117.37°E, 39.36°N	林地和滩涂混合
宝坻区（糙甸）	2-3	117.45°E, 39.62°N	农田
宝坻区（八门城镇）	2-4	117.52°E, 39.57°N	农田
宁河区（前邦道沽村）	3-1	117.74°E, 39.49°N	菜地
宁河区（南沽村）	3-2	117.77°E, 39.45°N	梨园
宁河区（芦中村）	3-3	117.79°E, 39.30°N	农田
小站镇	4-1	117.72°E, 39.47°N	向日葵种植区
	4-2	117.72°E, 39.47°N	水稻种植基地
沙开子二村	5-1	117.35°E, 38.67°N	农田
南和顺村	6-1	117.20°E, 38.63°N	农田
惠丰村	7-1	117.07°E, 38.74°N	农田
沿庄镇	8-1	116.84°E, 38.83°N	农田
普提洼村	9-1	116.95°E, 38.99°N	林地
青凝候村	10-1	117.15°E, 38.99°N	农田
北大港水库	11-1	117.41°E, 38.70°N	滩涂

图 6-5　土壤风沙尘采集现场

（2）源谱。

如图 6-6 所示，土壤风沙尘 $PM_{2.5}$、PM_{10} 成分谱中 Si 元素含量显著高于其他组分，分别达到 0.15 g/g、0.16 g/g，其次是 Ca、Al、Fe 等元素，在两种粒径颗粒物中含量水平为 0.02 ～ 0.07g/g。除地壳元素之外，土壤风沙尘中也含有一定的 OC，在 $PM_{2.5}$、PM_{10} 中含量分别为 0.08 g/g、0.06 g/g。

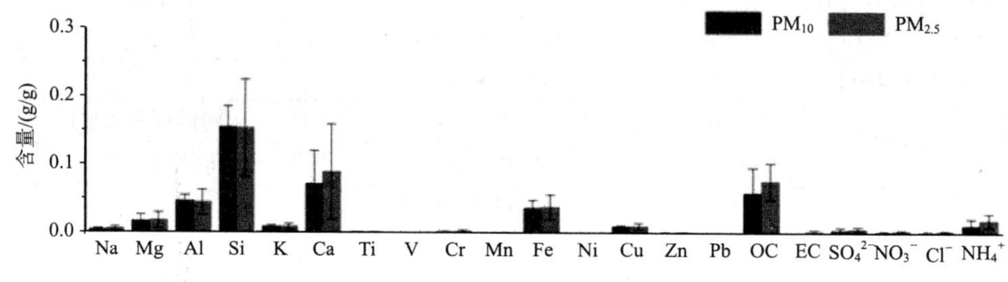

图 6-6 天津市土壤风沙尘源谱

6.1.3 生物质燃烧尘

（1）采样方法与布点。

按照代表性、真实性和特（个）性的基本原则，通过实验室模拟实验进行生物质燃烧源样品的采集，获得天津市城市生物质燃烧源排放 PM_{10} 和 $PM_{2.5}$ 的源样品。2016 年 10 月（秸秆收获季节），在天津市范围内采集各种农作物秸秆，记录采集地点、农作物种类、采集时间等，带回实验室进行处理，经自然风干后进行实验室模拟燃烧实验。调查获得天津市生物质燃烧情况，根据生物质燃烧类型，采集玉米、水稻和小麦三种作物，每种分别采集 2 组样品，每种作物采集 2 组平行样品，最终获得 6 组样品。

采用间断采样，采样步骤参照《环境空气质量　手工监测技术规范》（HJ/T 194—2005）。生物质燃烧时开始采样，燃烧完毕立即停止采样。

①将中流量采样器安放在距离地面高度不低于 1.5 m 处，不宜在风速大于 8 m/s 的天气下进行。实验地点应远离公路，避开障碍物，且附近无大的污染源排放点，采样时间应选择春夏之交及秋冬之交，注意错开村民做饭时间。②打开采样头顶盖，取出滤膜夹，用清洁干布擦掉采样头内滤膜夹及滤膜支持网表面的灰尘，将采样滤膜毛面向上，平放在滤膜支持网上。同时核查滤膜编号，放在滤膜夹上，拧紧螺丝，以不漏气为宜，安好采样头顶盖。启动采样器进行采样。记

录采样流量、时间、大气温度和压力等参数。③采样结束后，取下滤膜夹，用镊子轻轻夹取边缘取下样品滤膜，并检查滤膜是否有破损或边缘轮廓不清晰的现象。若有，则作废，重新采样。而后将滤膜样面向里对折两次放入样品盒或纸袋，并做好采样记录。生物质燃烧尘采集现场如图 6-7 所示。

图 6-7　生物质燃烧尘采集现场

（2）源谱。

本次源采样工作对小麦、水稻等生物质燃烧源进行颗粒物采样，分析得到 $PM_{2.5}$、PM_{10} 源成分谱（如图 6-8 所示）。生物质燃烧源成分谱中 OC 的含量远高于成分谱中其他组分含量，其中 OC 组分含量甚至高于固定燃烧源、民用燃煤源产生的颗粒物中的含量。另外，Cl^- 和 K 的平均含量也较高，尤其在水稻中，Cl^- 含量接近 0.20 g/g，K 在 $PM_{2.5}$、PM_{10} 中平均含量均超过 0.10 g/g，由于生物质中富含 K、Cl^- 等组分，故 K 一般作为生物质源的特征元素。

各类秸秆产生的两种粒径成分谱中，K 依照含量高低可分为 3 个量级，第一个量级为 9% ～ 15%，第二个量级为 2% ～ 6%，第三个量级为小于 1%。Cl^- 在各类秸秆中与 K 多呈伴随关系，K 含量高，则 Cl^- 含量高。开放燃烧中，各条成分谱中 SO_4^{2-}、NO_3^-、Mg 含量均较低，几乎都小于 1%。

K 是各类生物质开放燃烧和户用燃烧产生的各粒径成分谱中的主要元素。在开放燃烧中，各类生物质产生的各粒径成分谱的组分含量较为一致，K 元素在各粒径成分谱中含量均在 10% ～ 15% 之间，明显高于其他元素。其次是 Ca 元素（1% ～ 6%）、Na 元素（1% 左右）。而其余元素含量均较低，大量粒径段的颗粒物未检测出 Al、Ti、Pb 等元素。

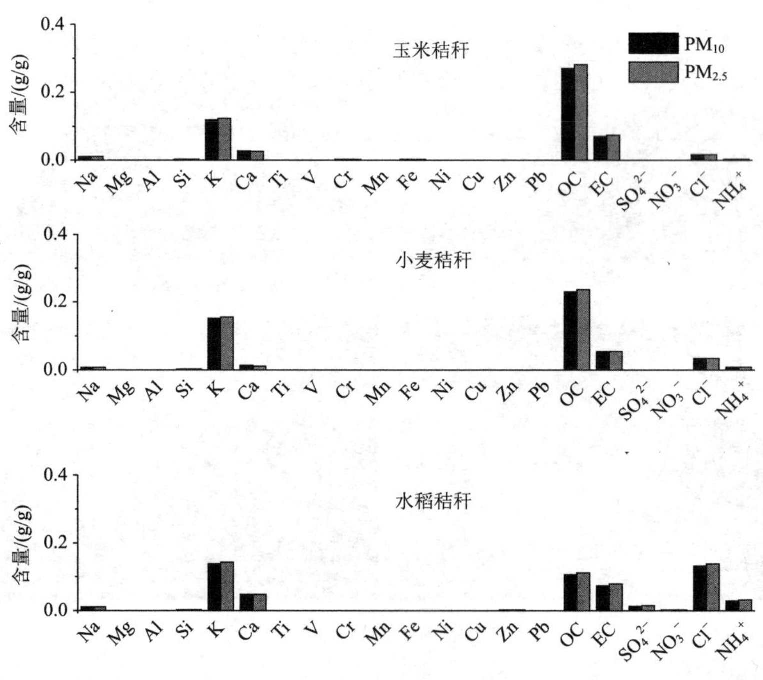

图 6-8 天津市生物质燃烧尘源谱

6.1.4　建筑水泥尘

（1）采样方法与布点。

①选择天津市较大的水泥生产企业（使用量较大）的水泥型号，采集不同标号的纯水泥样品 4 个，每个纯水泥样品不少于 200 g。

②在天津市建成区内选择典型建筑施工场所，均匀布点采集建筑扬尘。收集散落在施工作业面（如建筑楼层水泥地面、窗台、楼梯、水泥搅拌场地等）上的建筑尘混合样品，共计 2 个样品，每袋样品不少于 100 g。

③利用烟道稀释混合湍流分级采样器采集水泥窑炉（窑头、窑尾）烟气 PM_{10}、$PM_{2.5}$ 样品共 2 组。水泥行业典型企业天津振兴水泥厂主要生产工艺为新型干法，大气污染物和颗粒物的采样和测试位置选择严格按照《固定污染源排气中颗粒物测定与气态污染物采样方法》（GB/T 16157—1996），结合生产工艺，选择具有代表性的采样点进行颗粒物采样。

窑头：一般来说，回转窑都有烟气温度高、含湿量低、粉尘颗粒细、含尘浓度高等特点，新型干法窑的烟气温度虽然比普通窑烟气温度低得多，但是仍在 200 ～ 300℃的范围内，无论收尘系统采用电收尘器还是袋式收尘器，都要对烟气采取增湿或降温措施。窑头采样点选择在收尘器出口处。

窑尾：排放点设置在窑尾除尘器后。新型干法水泥生产线一般将窑尾烟气用于原料烘干，所谓的窑尾烟气处理系统实际上包括了原料粉磨兼烘干设备的收尘系统。窑尾收尘系统工艺将废气从预热器一级筒顶部由高温风机引出，采样点选在收尘器后出口处。

采集信息如表 6-5 所示。

表 6-5　建筑水泥尘采样点位信息一览表

类型	种类	类型 / 采样点位	采样方法
纯水泥	骆驼	矿渣硅酸盐水泥	再悬浮采样法
	普跃	普通硅酸盐水泥	
	普跃	矿渣硅酸盐水泥	
	水泥成品	天津振兴水泥有限公司	
建筑扬尘	窑头下载灰 建筑扬尘	天津振兴水泥有限公司	再悬浮采样法
水泥窑	窑头 窑尾	天津振兴水泥有限公司	烟道稀释混合湍流分级采样器

（2）源谱。

建筑水泥尘 $PM_{2.5}$、PM_{10} 源成分谱如图 6-9 所示。有组织排放与无组织排放的建筑水泥尘源谱相似，Si、Ca 元素含量较高，SO_4^{2-}、OC 等组分在两种粒径颗粒物成分谱中也占有一定的比例。

以水泥成品和建筑工地采集样品为无组织建筑水泥尘研究对象，相比于用稀释通道采样器采集的水泥窑炉颗粒物样品，采样方式差异较大，两种方式所获得的样品间组分差异也较大。无组织建筑水泥尘的 Si 和 Ca 元素含量较高，$PM_{2.5}$、PM_{10} 中均达 0.14 ～ 0.19 g/g，比有组织建筑水泥尘高 2 ～ 9 个百分点，尤其是 Ca 元素含量差异明显。有组织建筑水泥尘的 OC 含量比无组织建筑水泥尘略高，可能是受水泥窑炉燃烧过程的影响。

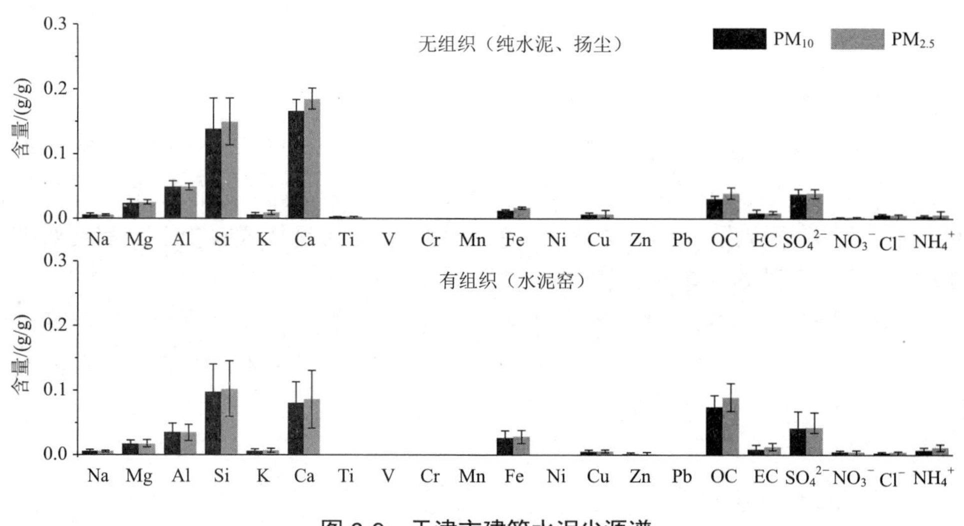

图 6-9　天津市建筑水泥尘源谱

6.2　固定源

6.2.1　煤烟尘

（1）采样方法与布点。

采样前对待测锅炉进行调研，包括锅炉吨位、锅炉类型、锅炉型号、燃烧方式，在调研的基础上，确定采样点位。

按照代表性、真实性和特（个）性的基本原则采集燃煤源样品，燃煤源采样位置主要设置在除尘器、脱硫设施、脱硝设施。每处采样位置采样 2 ～ 3 次，每次采样时间不少于 30 min。①除尘器装置：主要设置在除尘器前、除尘器后，分别代表无控状态下的颗粒物排放情况、控制状态下的颗粒物排放情况。②脱硫装置：主要设置在脱硫装置前、脱硫装置后，分别代表无控状态下的 SO_2 排放情况、控制状态下的 SO_2 排放情况。③脱硝装置：主要设置在脱硝装置前、脱硝装置后，分别代表无控状态下的 NO_x 排放情况、控制状态下的 NO_x 排放情况。

使用天津市环境监测中心的 DEKATI FPS-4000 颗粒物稀释采样系统，按照 ISO12103、EPA202A 及 GB 16157—1996 中相关要求进行采样。采样气体在停留室内停留 10 s 以上，给颗粒物提供足够的老化时间。测试期间，测试对象工况稳定、污染物控制设施应运行正常。共采集到 14 组样品，采集信息如表 6-6 所示。煤烟尘采集现场如图 6-10 所示。

表 6-6　煤烟尘采样点位信息一览表

行业	采样点位	备注
电厂	天津华能杨柳青热电有限责任公司	静电除尘、石灰石石膏湿法
	天津滨海新区第一垃圾焚烧发电厂	除尘后
	天津天保热电厂	除尘后
工业	天津肉类联合加工厂	湿法脱硫，10 t
	中央药业	湿法脱硫，20 t
供热	东丽开发区供热站	湿法脱硫，40 t
	天津晟鑫热力集团有限公司	燃煤、40 t 锅炉、多管除尘、湿法脱硫
	天才建业供热站	燃煤、80 t 锅炉、多管除尘、湿法脱硫
	天津市万源供热有限公司	燃煤、20 t 锅炉、多管除尘、湿法脱硫
	天津市聚能热力有限公司	燃煤、90 t 锅炉、多管除尘、湿法脱硫
	天津市津鸿热力有限公司	湿法脱硫，40 t

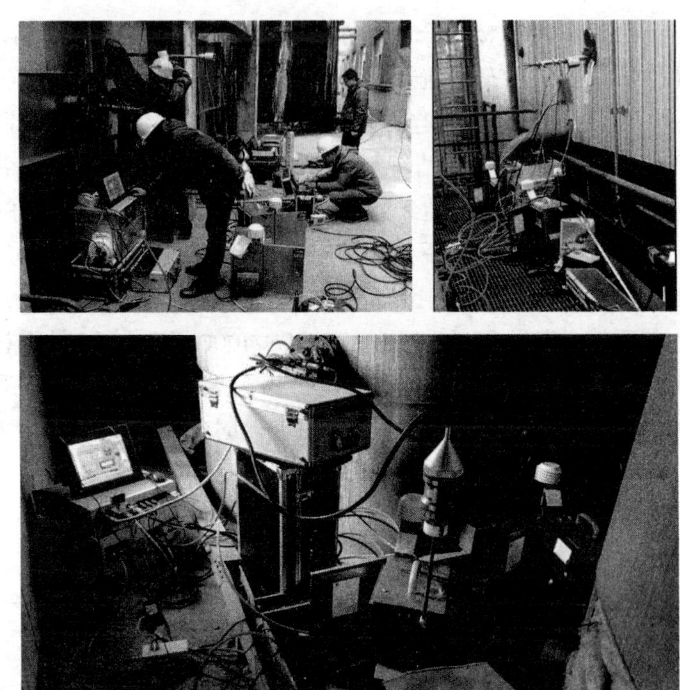

图 6-10 煤烟尘采集现场

（2）源谱。

本研究采集了天津华能杨柳青热电、滨海新区第一垃圾焚烧发电厂、中央药业、聚能热力、津鸿热力等 11 家单位（包括电厂、集中供热及工业企业）的固定源燃煤尘样品，经化学组分分析，根据不同企业类型的源成分谱特征展开讨论，构建得到煤烟尘源成分谱（如图 6-11 所示）。

电厂与工业的煤烟尘源谱较为相似，而供热的煤烟尘差异较大。三类煤烟尘 SO_4^{2-} 都为 $PM_{2.5}$、PM_{10} 中含量最高组分，分别为 0.29 g/g 和 0.25 g/g（电厂）、0.39 g/g 和 0.36 g/g（工业）、0.53 g/g 和 0.59 g/g（供热），依次含量升高，SO_4^{2-} 含量的差异主要与煤炭中的硫分以及脱硫措施有关。电厂与工业煤烟尘中 OC、NH_4^+、Cl^-、Si、Al、Ca 等含量也较高。供热煤烟尘除 SO_4^{2-} 外，其他组分的含量都很低。OC 含量的差别主要与炉型、工况和燃烧充分程度等因素有关，Si 含量的差异主要与元素含量及除尘设备有关。

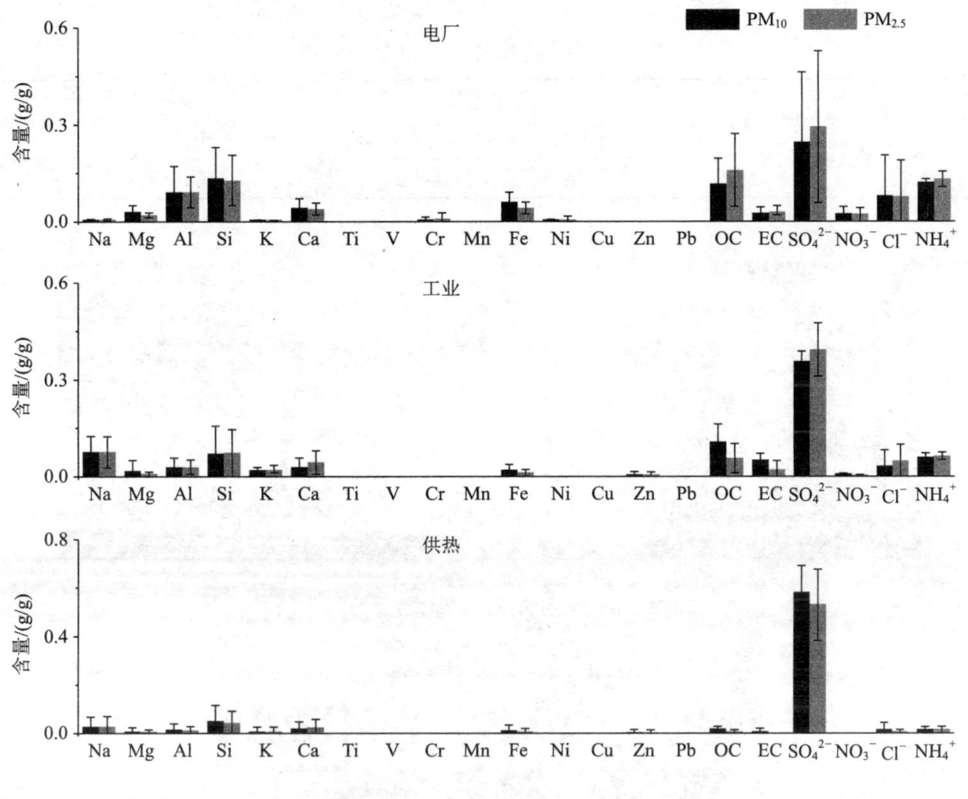

图 6-11 天津市煤烟尘源谱

6.2.2 冶金尘

（1）采样方法与布点。

钢铁行业主要生产工艺有焦化工艺、烧结工艺、高炉炼铁工艺、炼钢工艺及轧钢工艺。每个工艺有不同的颗粒物排放节点，对每个节点进行颗粒物监测，采样次数 2 ～ 3 次，进行颗粒物排放因子实测及成分谱数据库构建工作。使用天津市环境监测中心的 DEKATI FPS-4000 颗粒物稀释采样系统，按照 ISO12103、EPA202A 及 GB 16157—1996 中相关要求对有组织排放节点进行采样；按照无组织采样方法对无组织节点进行采样。采样气体在停留室内停留 10 s 以上，给颗粒物提供足够的老化时间。测试期间，测试对象工况稳定、污染物控制设施应运行正常。典型冶炼企业主要有天津荣程祥矿产有限公司和天津钢铁集团有限公司。

共采集到 6 组样品，采集信息如表 6-7 所示。冶金尘采集现场如图 6-12 所示。

表 6-7　冶金尘采样点位信息一览表

行业	企业名称	采样时间
钢铁行业	天津荣程祥矿产有限公司	2016 年 7 月
	天津钢铁集团有限公司	2016 年 6 月

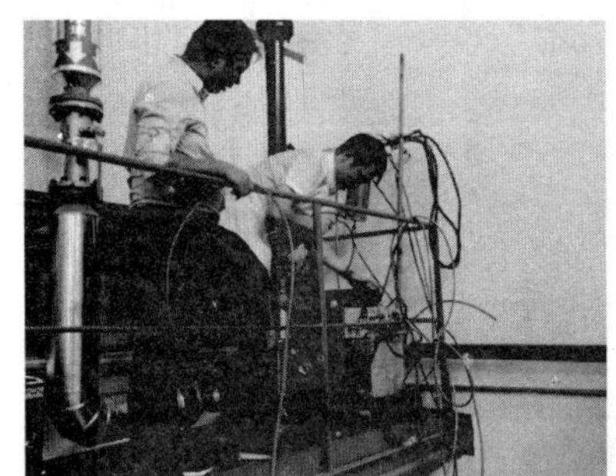

图 6-12　冶金尘采集现场

（2）源谱。

本研究采集了固定源冶金尘样品，经化学组分分析，构建得到冶金尘源成分谱（如图 6-13 所示）。冶金尘 $PM_{2.5}$、PM_{10} 中 SO_4^{2-}、Cl^-、NH_4^+、OC、Al、Si、K、Ca、Fe 等组分含量都较高，没有含量特别突出的组分，受到不同工艺过程中脱硫、脱硝、燃烧条件等的影响。

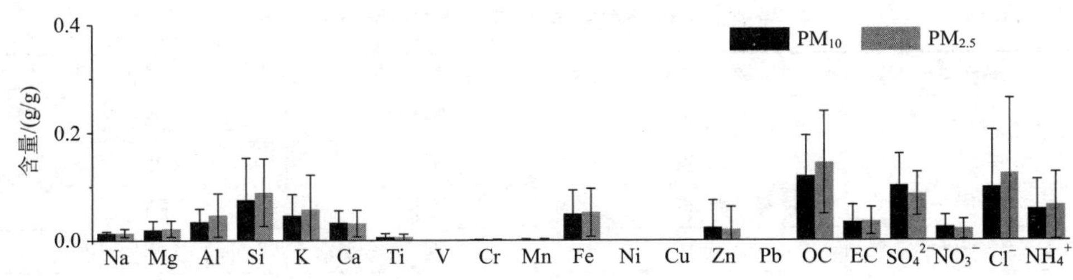

图 6-13　天津市冶金尘源谱

6.3　流动源

6.3.1　机动车尾气尘

（1）采样方法与布点。

因机动车源样品的物理特性和化学组成相对稳定，无显著的季节性差异，故可以不考虑季节因素。道路移动源排放观测验证有台架观测验证、隧道观测验证、车载测试验证等方法。本研究通过前期调研，选取排放比例较大的小型客车、中型客车、大型客车、小型货车、中型货车作为代表性车辆，开展台架测试、隧道测试、车载测试、路边采样测试。此外，依据研究初期对天津市道路状况、车型分布、行驶工况等资料的调研结果，确定天津市区代表性车辆的类型和行驶路线，进行实际道路排放测试，收集车辆行驶过程中的实时排放数据。

按照仪器连接规程搭建车载测试系统，使用静电低压冲击器 ELPI、车载颗粒物采样系统和车载四通道膜采样器等设备对柴油车和汽油车进行车载测试，测试行驶路线涵盖了高速公路、快速路、主干道、次干道和支路。车辆测试工况的构成接近于车辆正常使用时的道路运行路况，包括市区工况、市郊工况和高速工况。在车辆不同工况条件下采样机动车尾气 10 min 以上，采样结束后取出采样滤膜，用膜盒密封后放入便携式冰箱冷冻保存。车载测试中，在车辆不同工况条件下采样机动车尾气 10 min 以上，给车载颗粒物采样系统足够的采样时间。测试期间，测试对象工况稳定、车辆尾气处理装置应运行正常。采样信息如表 6-8 所示。机动车尾气尘采集现场如图 6-14 所示。

表 6-8 机动车尾气尘采样信息一览表

车辆类型	燃料类型	排放标准	粒径
小客	汽油	国Ⅳ	$PM_{2.5}$
中客	汽油	国Ⅳ	$PM_{2.5}$
小货	柴油	国Ⅲ	$PM_{2.5}$
小货	柴油	国Ⅳ	$PM_{2.5}$
中客	柴油	国Ⅲ	$PM_{2.5}$
中货	柴油	国Ⅳ	$PM_{2.5}$
大客	柴油	国Ⅲ	$PM_{2.5}$
大客	柴油	国Ⅳ	$PM_{2.5}$

图 6-14 机动车尾气尘采集现场

（2）源谱。

对不同排放标准（包括国Ⅲ、国Ⅳ）柴油、汽油的客车、货车分别采集尾气排放的颗粒物样品进行分析，得到机动车尾气尘源成分谱（如图6-15所示）。柴油车燃料燃烧排放的颗粒物的成分谱中，含量较高的主要为OC、EC，Cl^-、SO_4^{2-}、NO_3^-、NH_4^+和Ca含量也相对较高。各类车型OC平均含量为0.33 g/g，EC平均含量为0.32 g/g。

对比发现，国Ⅲ、国Ⅳ总碳含量基本一致，但OC、EC含量差异较大。SO_4^{2-}、NO_3^-和Ca含量是国Ⅲ柴油车明显高于国Ⅳ柴油车，而Cl^-、K含量是部分国Ⅲ柴油车低于国Ⅳ柴油车。无机元素组分中Al、Ca、Fe、K、Mg、Na、Zn含量较高，而Hg未检出。Al、Ca、Cu、Mn、Ni、Zn含量是国Ⅲ柴油车高于国Ⅳ柴油车。

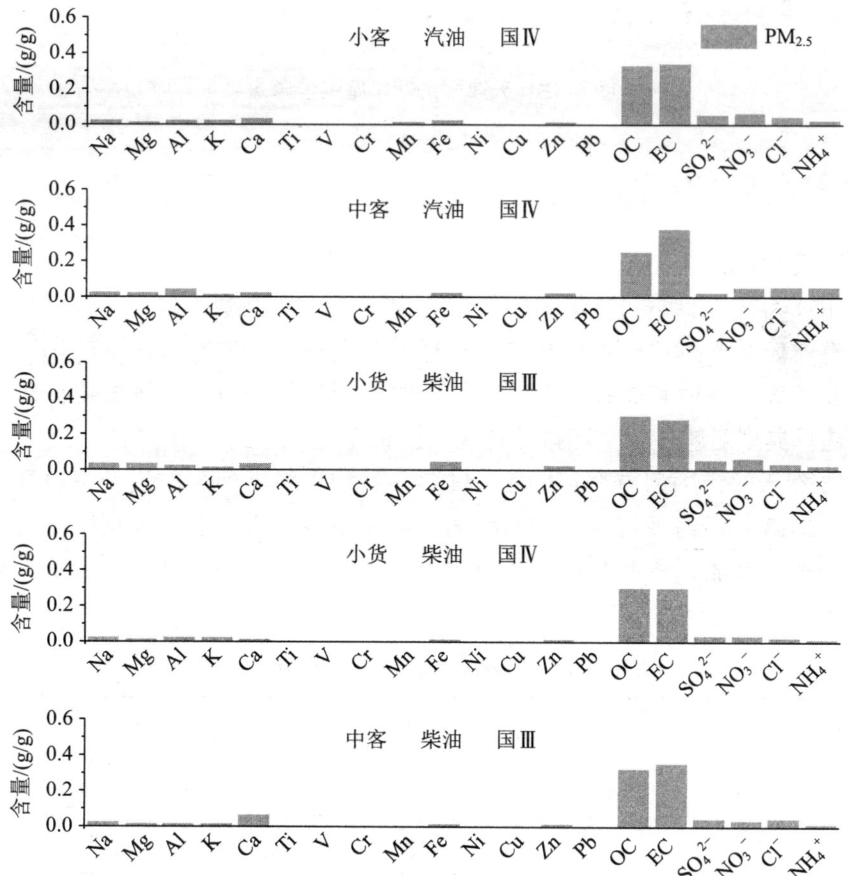

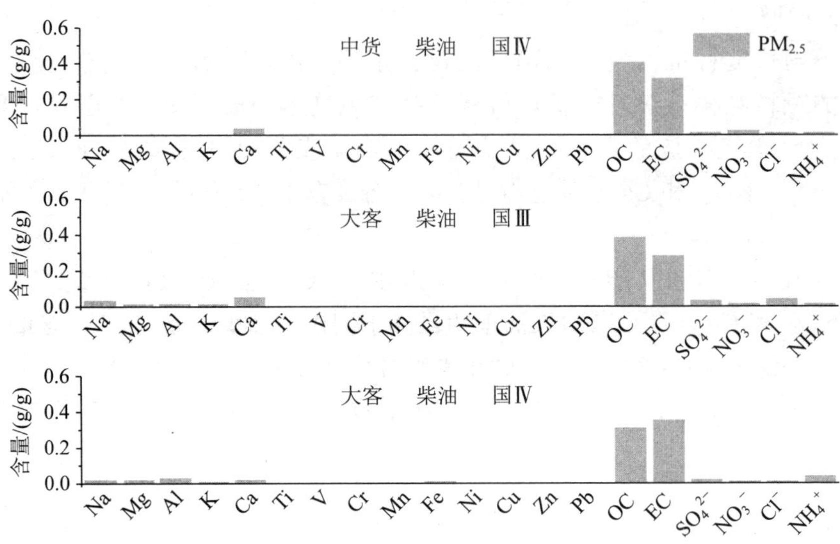

图 6-15 天津市机动车尾气尘源谱

6.3.2 船舶尾气尘

（1）采样方法与布点。

船舶分为客运船舶和货运船舶。调研中国船级社船舶数据库和国际资料，建立天津港船舶基本排放数据信息库。包括船舶名称、船舶吨位、生产年限、发动机类型及功率、燃油和航行工况、航行线路及用途等资料。按排放特征研究船舶分类，选择典型船舶进行实际排放特性的测试研究。

2013 年天津市内河有登记船舶 144 艘，选取天津海河主航道及下属区县船舶共 4 艘。2013 年沿海及远洋船舶 677 艘，其中主要为散货船。根据船舶信息库选取典型渔船、客船、货船及拖船进行测试，具体采样信息如表 6-9 所示。船舶采集现场如图 6-16 所示。

表 6-9 船舶尾气尘采样信息一览表

类型	艘次	粒径
渔船	1	$PM_{2.5}$
客船	1	$PM_{2.5}$
货船	1	$PM_{2.5}$
拖船	1	$PM_{2.5}$

图 6-16　船舶尾气尘采集现场

小型船舶采样采用美国 Sensors 的 EFM 尾气质量流量计，近海及远洋船舶采样利用英国 Procal2000 分析污染物与流量。将尾气通入稀释器，利用 ELPI，获得不同粒径颗粒物排放的数量浓度。同时用 DGI 膜采样称重，对每一个粒度段上的颗粒做总质量和化学成分 / 元素的分析，确定船舶排气颗粒物成分谱特征。获得船舶在不同工况下的颗粒物（PM）排放特性。

按照行驶工况（进港、出港、停靠、巡航）对沿海及远洋船舶采样，对船舶主机及辅机的排气烟囱进行直采分析，或采用空中烟羽测量这种间接测量方法，在排气口下风向使用跟船测试或飞行航测的技术，收集船舶排放颗粒物的变化情况。利用船载 GPS 记录船舶行驶路线，根据污染物的浓度变化计算源强度。

测试期间，测试对象工况稳定、污染物控制设施应运行正常。因船舶流量采用分流采样，详细记录船舶排气流量、流速及排气口直径。

（2）源谱。

对渔船、客船、货船、拖船分别采集尾气排放的颗粒物样品进行分析，得到源成分谱（如图 6-17 所示）。四类船舶排放的 $PM_{2.5}$ 成分谱中，含量较高的主要为 OC、EC、V，其中 EC 平均含量最高，为 0.33 g/g，OC 次之，为 0.25 g/g，V 元素达 0.11 g/g。

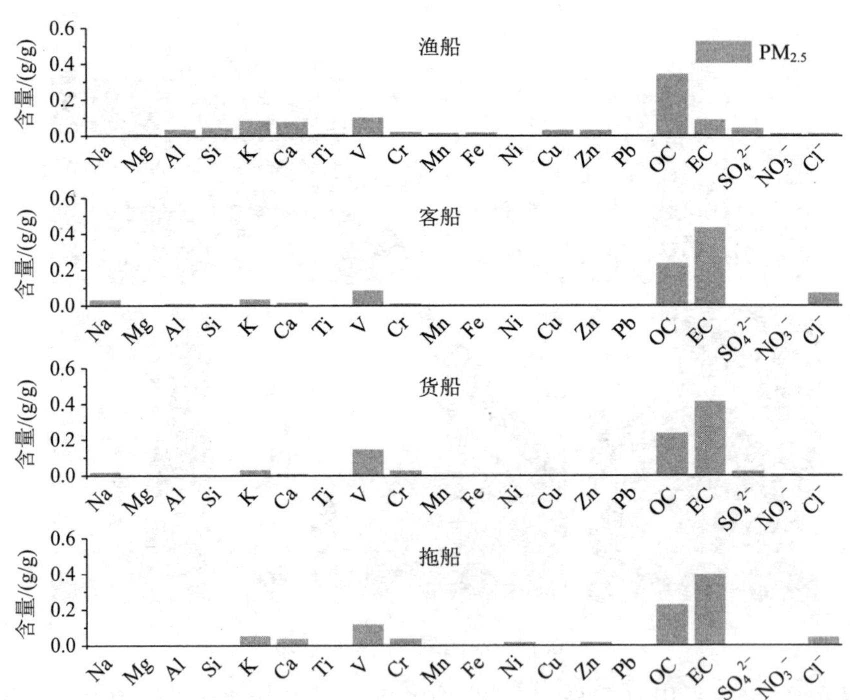

图 6-17　天津市船舶尾气尘源谱

6.4　源谱标识元素

将各源类的化学组分的含量按 $F_{ij} < 0.1\%$、$0.1\% \leqslant F_{ij} < 1\%$、$1\% \leqslant F_{ij} < 10\%$、$F_{ij} \geqslant 10\%$ 划分 4 档，各档中的化学组分含量如表 6-10 所示。

表 6-10　不同颗粒物排放源类中的化学成分含量分布

排放源	PM_{10} 与 $PM_{2.5}$ 化学成分含量			
	<0.1%	0.1% ~ 1%	1% ~ 10%	>10%
城市扬尘－采暖季	Pb, V, Ni, Mn	Na, K, Ti, Cr, Cu, Zn, Cl^-	Mg, Al, Si, Fe, EC, SO_4^{2-}, NO_3^-	Ca, OC
城市扬尘－非采暖季	Ti, Pb, V, Ni, Mn	Na, K, Cr, Cu, Zn, EC, NO_3^-, Cl^-, NH_4^+	Mg, Al, Ca, Fe, OC, SO_4^{2-}	Si
土壤风沙尘	V, Ni, Pb, EC	Na, K, Ti, Cr, Zn, SO_4^{2-}, NO_3^-, Cl^-	Mg, Al, Ca, Fe, Cu, OC, NH_4^+	Si
生物质燃烧尘	Na, Ti, V, Cr, Mn, Ni, Cu, Zn	Mg, Al, Si, Fe, NO_3^-	K, Ca, EC, SO_4^{2-}	OC, Cl^-
建筑水泥尘－无组织	V, Cr, Ni, Zn, Pb	Na, K, Ti, Mn, Cu, EC, NO_3^-, Cl^-, NH_4^+	Mg, Al, Fe, OC, SO_4^{2-}	Si, Ca
建筑水泥尘－有组织	V, Cr, Ni, Zn, Pb	Na, K, Ti, Cl^-	Mg, Al, Ca, Fe, EC, SO_4^{2-}, NO_3^-, NH_4^+	Si, OC
煤烟尘－电厂	V, Mn, Zn, Pb	Na, K, Ti, Cr, Ni, Cu	Mg, Al, Ca, Fe, EC, NO_3^-, Cl^-	Si, OC, SO_4^{2-}, NH_4^+
煤烟尘－工业	V, Cr, Ni, Pb	Ti, Mn, Cu, Zn, NO_3^-	Na, Mg, Al, Si, K, Ca, Fe, OC, EC, Cl^-, NH_4^+	SO_4^{2-}
煤烟尘－供热	Ti, V, Mn, Ni, Cu, Pb, Cr, NO_3^-	Mg, Zn, EC	Na, Al, Si, K, Ca, Fe, OC, Cl^-, NH_4^+	SO_4^{2-}
冶金尘	V, Ni, Cu, Pb	Na, Mg, Ti, Cr, Mn	Al, Si, K, Ca, Fe, Zn, EC, NO_3^-, NH_4^+	OC, SO_4^{2-}, Cl^-
机动车尾气尘	V	Ti, Cr, Mn, Ni, Cu, Zn, Pb	Na, Mg, Al, K, Ca, Fe, SO_4^{2-}, NO_3^-, Cl^-, NH_4^+	OC, EC
船舶尾气尘	Pb	Mg, NO_3^-, Ni, Ti, Fe, Mn	Zn, Al, Na, Cu, SO_4^{2-}, Cr, Si, Cl^-, Ca, NH_4^+, K	V, OC, EC

将含量值大于 1% 的化学组分称为主量成分，将含量值小于 1% 的化学组分称次量成分，各源类主次成分的含量如表 6-11 所示。PM_{10} 各源类主量成分含量在 0.38 ～ 0.96 g/g 之间，次量成分含量在 0.01 ～ 0.05 g/g 之间；$PM_{2.5}$ 各源类主量成分含量在 0.43 ～ 0.95 g/g 之间，次量成分含量在 0.01 ～ 0.05 g/g 之间。

表 6-11　各源类主次成分含量

单位：g/g

源类名称	PM_{10}		$PM_{2.5}$	
	主量成分	次量成分	主量成分	次量成分
城市扬尘 - 采暖季	0.49	0.03	0.57	0.03
城市扬尘 - 非采暖季	0.38	0.05	0.43	0.03
土壤风沙尘	0.41	0.03	0.45	0.04
生物质燃烧尘	0.73	0.02	0.79	0.03
建筑水泥尘 - 无组织	0.46	0.04	0.50	0.05
建筑水泥尘 - 有组织	0.62	0.03	0.66	0.02
煤烟尘 - 电厂	0.96	0.02	0.93	0.04
煤烟尘 - 工业	0.88	0.02	0.84	0.03
煤烟尘 - 供热	0.78	0.03	0.67	0.04
冶金尘	0.73	0.01	0.81	0.01
机动车尾气尘	—	—	0.88	0.02
船舶尾气尘	—	—	0.95	0.03

源成分谱的特征元素也称为标识元素，是某源类区别于其他源类的重要标志。特征元素是指某一源类中对源贡献值和贡献值的标准偏差影响程度较大的元素。影响大的表示该元素的灵敏度高，影响小的表示灵敏度低。特征元素就是源成分谱中那些灵敏度最高的元素。

特征元素一般有以下几个特点：①某源类的特征元素，一般在该源类中的含量比在其他源类中的含量要高，有时是其他源类中含量的两倍或几倍；②特征元素的化学性质比较稳定，在颗粒物迁移扩散过程中不易发生化学变化，不易改变其存在形态；③各源类的特征元素均参加 CMB 拟合计算；④特征元素的标准偏差一般较小。根据 CMB 模型元素灵敏度矩阵所给出的结果，大气颗粒物各排放源类的特征元素如表 6-12 所示。

表 6-12　天津市大气颗粒物各主要排放源类的特征元素

源类	特征元素
城市扬尘 - 采暖季	Si, Ca, OC
城市扬尘 - 非采暖季	Si
土壤风沙尘	Si
生物质燃烧尘	K, OC, Cl^-
建筑水泥尘 - 无组织	Si, Ca
建筑水泥尘 - 有组织	Si, OC
煤烟尘 - 电厂	Si, OC, SO_4^{2-}, NH_4^+
煤烟尘 - 工业	SO_4^{2-}
煤烟尘 - 供暖	SO_4^{2-}
冶金尘	OC, SO_4^{2-}
机动车尾气尘	OC, EC
船舶尾气尘	EC, V

特征元素在 CMB 模型拟合中有两个作用：一是参加 CMB 拟合的元素主要选用特征元素，特征元素对源贡献值的计算结果起决定作用。二是特征元素对 CMB 拟合质量影响很大。

6.5　本章小结

本章归纳总结天津市大气颗粒物的主要源类，并对各主要源类特征组分的规律进行分析和探讨。与往年源谱构建情况相比，本研究新增了 $PM_{2.5}$ 细粒径段源谱，并在原有基础上丰富了 PM_{10} 和 $PM_{2.5}$ 的源类，采样点覆盖全市，样品量增加，同时采用更能真实反映源排放的采样方法。

（1）城市扬尘中 Si 的含量相对较高，是城市扬尘中的标识组分。但是城市扬尘源作为混合源，受多种一次源类的共同影响，成分谱变化性较大，随对其有贡献的源类变化而变化，不同时间采集的城市扬尘化学组成有一定差异。采暖季扬尘相比于非采暖季扬尘，OC 含量明显增高，OC 也是标识组分之一。

（2）地壳元素 Si、Ca、Al、Fe 等是土壤风沙尘的主要标识组分，所占比例较高，而且不确定度相对较小。其中 Si 是含量最高的成分，也是土壤风沙尘的标识组分。

（3）生物质燃烧源成分谱中 OC 的含量远高于成分谱中其他组分含量，另外 Cl^- 和 K 的平均含量也较高，K 一般为生物质源的标识组分。

（4）无组织建筑水泥尘的 Si 和 Ca 元素含量较高，尤其是 Ca 元素含量与有组织建筑水泥尘差异明显，Ca 元素是无组织建筑水泥尘区别于其他源类的重要元素。而有组织建筑水泥尘的 OC 含量比无组织建筑水泥尘高。

（5）SO_4^{2-} 在天津市煤烟尘 $PM_{2.5}$、PM_{10} 中含量最高，电厂煤烟尘与工业煤烟尘中 OC、NH_4^+、Cl^-、Si、Al、Ca 等含量也较高，供热煤烟尘中除 SO_4^{2-} 外，其他组分的含量都很低。

（6）冶金尘成分谱主要组分包括 Fe、Ca、Si、Al、OC、SO_4^{2-} 等，其中 OC、SO_4^{2-} 是标识组分。

（7）机动车尾气尘源成分谱中含量最高的是碳组分，OC 和 EC 是机动车尾气尘的标识组分，而且不同类型的发动机排放的尾气化学组成也有不同。船舶排放的 $PM_{2.5}$ 成分谱中，含量较高的主要为 OC、EC、V。

第 7 章　颗粒物精细化源解析

大气颗粒物源解析工作可为针对性地治理颗粒物排放源提供科学依据。目前大气颗粒物源解析方法主要包括排放源清单法、源模型（扩散模型）法和受体模型法三种方法。排放源清单法是根据各排放源的排放量，识别对受体有贡献的主要排放源。然而对颗粒物开放源来说，其排放量难以准确得到，此外排放源的排放量与其对受体的贡献通常不是线性关系。源模型法是根据各污染源源强资料和气象资料，估算污染源对受体的贡献。对于量大面广的颗粒物开放源来说，由于无法得到可靠的源强资料，难以估算该污染源类对受体的贡献值。受体模型（如 CMB 复合受体模型）法通过分析受体颗粒物样品推断颗粒物的来源，并定量确定各类污染源对受体的贡献率。但受体模型无法准确解析二次源的贡献，且对共线性源（例如燃煤和扬尘源）的解析结果并不理想。

随着我国大气颗粒物污染防治向着综合化、精细化发展，排放源清单、源模型与受体模型的耦合将是源解析工作的发展趋势。尽管如此，$PM_{2.5}$ 源解析技术未形成多技术融合和交叉验证的综合精细化源解析技术体系，导致 $PM_{2.5}$ 源解析结果精细化程度不高、时效性差，难以定位具体可控源，难以区分一次源和二次源贡献，这对具体的环境管理工作造成了困难。

因此，为满足天津市“精准治污”的环境管理需求，要对天津市颗粒物的污染来源进行精细化的解析，细化源解析的时空分辨率，定量解析二次颗粒物前体物的贡献，将大气颗粒物污染源解析至子源类或特定污染源。

7.1 精细化源解析技术方法构建

7.1.1 CMB 模型原理与诊断

化学质量平衡模型（CMB）是由一组线性方程构成的，表示每种化学组分的受体质量浓度等于各种排放源类的成分谱中这种化学组分的含量值和各种排放源类对受体的贡献质量浓度值乘积的线性和。由于该模型物理意义明确，算法日趋成熟而成为目前最重要、最实用的受体模型。

7.1.1.1 CMB 模型原理

假设存在着对受体中的大气颗粒物有贡献的若干源类（j），并且满足以下条件：①各源类所排放的颗粒物的化学组成有明显的差别；②各源类所排放的颗粒物的化学组成相对稳定；③各源类所排放的颗粒物之间没有相互作用，在传输过程中的变化可以被忽略。那么在受体上测量的总物质质量浓度 C 就是每一源类贡献质量浓度值的线性加和。

$$C=\sum_{j=1}^{J}S_j \tag{7-1}$$

式中：C——受体大气颗粒物的总质量浓度，μg/m^3；

S_j——每种源类贡献的质量浓度，μg/m^3；

J——源类的数目，j=1，2，…，J。

如果受体颗粒物上的化学组分 i 的质量浓度为 C_i，那么式（7-1）可以写成

$$C_i=\sum_{j=1}^{J}F_{ij}\cdot S_j \tag{7-2}$$

式中：C_i——受体大气颗粒物中化学组分 i 的质量浓度测量值，μg/m^3；

F_{ij}——第 j 类源的颗粒物中化学组分 i 的含量测量值，g/g；

S_j——第 j 类源贡献的质量浓度计算值，μg/m^3；

J——源类的数目，j=1，2，…，J；

I——化学组分的数目，i=1，2，…，I。

只有当 $i\geqslant j$ 时，方程组（7-2）的解才为正。源类 j 的分担率为

$$\eta=S_j/C\times 100\% \tag{7-3}$$

7.1.1.2　CMB 模型的算法

目前 CMB 模型最常采用的算法是有效方差最小二乘法，因为有效方差最小二乘法提供了计算源贡献值 S_j 和 S_j 的标准偏差σ_{S_j}的实用方法。有效方差最小二乘法实际上是对普通加权最小二乘法的改进，即使加权的化学组分测量值与计算值之差的平方和最小。

$$m^2=\sum_{i=1}^{I}\frac{(C_i-\sum_{j=1}^{J}F_{ij}\cdot S_j)^2}{V_{\mathrm{eff},i}} \tag{7-4}$$

最小有效方差 $V_{\mathrm{eff},i}=\sigma_{C_i}^2+\sum_{j=1}^{J}\sigma_{F_{ij}}^2\cdot S_j^2$ 为权重值。

式中：σ_{C_i}——受体大气颗粒物的化学组分测量值 C_i 的标准偏差，μg/m³；

$\sigma_{F_{ij}}$——排放源的化学组分测量值 F_{ij} 的标准偏差，g/g；

S_j——源贡献计算值，μg/m³。

有效方差最小二乘法在实际运算中采用迭代法，即在前一步迭代计算的 S_j 的基础上再来计算一组新的 S_j 值。具体算法如下。

CMB 方程组的矩阵形式

$$\underset{i\times1}{\boldsymbol{C}}=\underset{i\times j}{\boldsymbol{F}}\ \underset{j\times1}{\boldsymbol{S}} \tag{7-5}$$

设上标 k 表示第 k 步迭代的变量值。

（1）设源贡献初始值为 0。

$$S_j^{k=0}=0\ ,\ j=1,\ 2,\ \cdots,\ J \tag{7-6}$$

（2）计算有效方差矩阵$\boldsymbol{V}_{\mathrm{eff},i}^k$的对角线上的分量。

$$\boldsymbol{V}_{\mathrm{eff},i}^k=\sigma_{C_i}^2+\sum(S_j^k)^2\cdot\sigma_{F_{ij}}^2 \tag{7-7}$$

（3）计算 S_j 的第 k+1 步迭代的值。

$$S_j^{k+1}=\left(\boldsymbol{F}^{\mathrm{T}}\left(\boldsymbol{V}_{\mathrm{eff}}^k\right)^{-1}\boldsymbol{F}\right)^{-1}\boldsymbol{F}^{\mathrm{T}}\left(\boldsymbol{V}_{\mathrm{eff}}^k\right)^{-1}\boldsymbol{C} \tag{7-8}$$

（4）如果式（7-9）中的结果大于 1% 的话，那么执行上一步迭代；如果小于 1% 的话，终止该算法。

$$\text{若}\left|S_j^{k+1}-S_j^k\right|/S_j^{k+1}>0.01\ \text{返回步骤（2）}$$

$$\text{若}\left|S_j^{k+1}-S_j^k\right|/S_j^{k+1}\leqslant 0.01\ \text{到步骤（5）} \tag{7-9}$$

（5）计算 σ_{S_j} 的第 k+1 步迭代的值。

$$\sigma_{S_j}=\left[\left(\boldsymbol{F}^{\mathrm{T}}\left(\boldsymbol{V}_{\mathrm{eff}}^{k+1}\right)^{-1}\boldsymbol{F}\right)_{ij}^{-1}\right]^{1/2},\quad j=1,2,\cdots,J \tag{7-10}$$

式中：$\boldsymbol{C}=(C_1,\ \cdots,\ C_i)^{\mathrm{T}}$——第 i 个化学组分的 C_i 的列矢量；

$\boldsymbol{S}=(S_1,\ \cdots,\ S_j)^{\mathrm{T}}$——第 j 种排放源类的贡献计算值 S_j 的列矢量；

$\boldsymbol{F}=\boldsymbol{F}_{ij}$——$I\times J$ 阶的源成分谱 $\boldsymbol{F}_{ij}$ 矩阵；

$\boldsymbol{V}_{\mathrm{eff}}=\boldsymbol{V}_{\mathrm{eff},i}$——有效方差的对角矩阵。

以上算法表明：应用有效方差最小二乘法求解 CMB 模型时，模型的输入参数为受体化学组分浓度谱的测量值 C_i 和 C_i 的标准偏差 σ_{C_i}、源成分含量谱的测量值 F_{ij} 和 F_{ij} 的标准偏差 $\sigma_{F_{ij}}$。模型的输出参数是源贡献计算值 S_j 和 S_j 的标准偏差 σ_{S_j}、源的化学组分贡献计算值 S_{ij} 和 S_{ij} 的标准偏差 $\sigma_{S_{ij}}$。该算法提供了求解源贡献值 S_j 和 S_j 误差 σ_{S_j} 的实用方法。源贡献值误差 σ_{S_j} 反映了所有输入模型的源成分谱与受体化学组成的测量值按权重大小的误差积累，对精度高的化学组分比精度低的化学组分给出的权重大。

如果：① 当 $\sigma_{F_{ij}}=0$ 时，有效方差最小二乘解法即普通加权最小二乘法；② 当 $\sigma_{F_{ij}}=C$（常数）时，有效方差最小二乘解法即为不加权最小二乘法；③化学组分的数目等于源的数目（I=J）时，并且每种源类选择的化学组分是单一的，那么有效方差最小二乘解法即属于标识组分解法；④当矩阵 $\left(\boldsymbol{F}^{\mathrm{T}}\left(\boldsymbol{V}_{\mathrm{eff}}^{k}\right)^{-1}\boldsymbol{F}\right)$ 重写成 $\left(\boldsymbol{F}^{\mathrm{T}}\left(\boldsymbol{V}_{\mathrm{eff}}^{k}\right)^{-1}\boldsymbol{F}-\phi\boldsymbol{I}\right)$ 时，ϕ 为非零数，取名为稳定参数，$\boldsymbol{I}$ 为单位矩阵，这种解法称为岭回归解法。但是岭回归解法实际上等同于改变源成分谱测量值，直到共线性消失。所以说利用岭回归解法求得的源贡献值实际上已经不能反映源对受体贡献的真实情况，所以实用价值不大。

7.1.1.3 CMB 模型模拟优度的诊断技术

CMB 模型是线性回归模型。使用线性回归模型时一般需要考虑：回归推断的估算值与实测值的偏离，偏离程度一般用“残差”来检验；另外对回归推断有大影响的参数是哪些，影响程度如何衡量。解决上述问题的数学方法一般称为回归诊断技术。在本研究中为了验证源贡献估算值的有效性和 CMB 模型拟合的优良程度，选择了下列回归诊断技术对回归结果进行检验：①源贡献值拟合优度的诊断技术；②不定性 / 相似性源组的诊断技术；③化学组分质量浓度计算值拟合优度的诊断技术；④其他诊断技术。

（1）源贡献值拟合优度的诊断技术。

源贡献计算值具有以下三种基本特征：①各源类贡献计算值之和应该近似等于受体上总质量浓度的测量值。②源贡献计算值不应该是负值，因为负的源贡献值没有物理意义。但是在线性回归计算中，如果有两类或两类以上的源的成分谱相近或成比例（共线性问题），源贡献值就有可能出现负值。③源贡献计算值的标准偏差反映了受体质量浓度测量值和源成分谱测量值的精度。根据统计学原理，源贡献值的真值在 1 倍标准偏差内的分布概率大约为 66%，在 2 倍标准偏差内的分布概率大约为 95%。因此把 2 倍或 3 倍的标准偏差作为源贡献值的检出限。如果 CMB 模型计算的源贡献值小于该贡献值的标准偏差的话，那么这个源贡献值就不能被检出。根据上述考虑，源贡献值拟合优度用下列回归诊断技术来检验。

① T 统计（TSTAT）。

$$\mathrm{TSTAT}=S_j/\sigma_{S_j} \tag{7-11}$$

TSTAT 是源贡献计算值 S_j 和 S_j 的标准偏差 σ_{S_j} 的比值。如前所述，源贡献值的检出限应该是源贡献值的标准偏差的 2 倍或 3 倍。因此，若 TSTAT $<$ 2.0，表示源贡献值低于它的检出限，说明拟合效果不好。反之，若 TSTAT $\geqslant$ 2.0 说明拟合效果好。

②残差平方和（chi 或 x^2）。

$$\mathrm{chi}=x^2=\frac{I}{I-J_i}\sum_{i=1}^{I}\left[\left(C_i-\sum_{j=1}^{J}F_{ij}S_j\right)^2\Big/V_{\mathrm{eff},\,ij}\right] \tag{7-12}$$

$$V_{\mathrm{eff}}^k=\sigma_{C_i}^2+\sum\left(S_j^k+\sigma_{F_{ij}}\right)^2 \tag{7-13}$$

x^2 表示拟合组分的测量值与计算值之差的平方的加权和。权值为每个化学组分的受体质量浓度的标准偏差和源成分谱的标准偏差的平方和。理想的情况是化学组分的质量浓度测量值和计算值之间没有差别，那么 x^2 应该等于零。但是实际情况并非如此。因此，定义 $x^2<1$，表示数据拟合好；$x^2<2$，表示数据拟合结果可以接受；$x^2>4$，表示数据拟合差，有可能是一个或几个化学组分的质量浓度不能够很好地参与拟合。

③自由度（n）。

$$n=I-J \tag{7-14}$$

自由度等于参与拟合的化学组分数目减去参与拟合的源的数目的值。只有当 $n \geqslant 0$ 即 $I \geqslant J$ 时，CMB 方程组的解才为正值。

④回归系数（R^2）。

$$R^2 = 1 - \left[(I - J) x^2 \right] \Big/ \left[\sum_{i=1}^{I} C_i^2 / V_{\text{eff}} \right] \tag{7-15}$$

R^2 等于化学组分质量浓度计算值的方差与测量值的方差之比值。R^2 取值在 0～1 之间。该值越接近于 1，说明源贡献值的计算值与测量值拟合越好。当 $R^2 < 0.8$ 时，拟合结果较差。

⑤ PM（percent mass）。

$$\text{PM} = 100 \sum_{j=1}^{J} S_j / C_t \tag{7-16}$$

PM 表示各源类贡献计算值 S_j 之和与受体总质量浓度测量值 C_t 的百分比。该值应为 100%，但是在 80% ～ 120% 也是可以接受的。总质量浓度测量值的灵敏度对该值影响很大，所以总质量浓度应该测量准确。如果该值小于 80% 的话，那么很有可能是丢失了某个源类的贡献。

（2）不定性 / 相似性源组的诊断技术。

当用 CMB 模型求解源贡献值时，源贡献值可能是负值。导致源贡献值为负值的原因有二：①当某种源类的贡献值小于它的检出限的时候，即该源类贡献值的标准偏差很大时，这种源类被称之为不定性源类；②当多种源类的成分谱数值相近或成比例时，这几种源类被称之为相似性源类。不定性和相似性源类统称为共线性源类。为避免 CMB 模拟时出现负值这种不合理的结果，本研究选用以下两种方法诊断源的共线性，并把诊断出来的共线性源类归为一组，称为不定性 / 相似性源组。

① T 统计（TSTAT）。

对任何一源类来说，若 TSTAT ＜ 2.0，表示源贡献值小于它的检出限，也表示该源类贡献值的标准偏差很大，这源类即可视为不定性源类而归入不定性 / 相似性源组中。

②奇异值分解法（singular value decomposition）。

对于加权的源成分谱矩阵 $\boldsymbol{F}$，根据奇异值分解原理可以分解成以下等式：

$$\boldsymbol{V}_{\text{eff}}^{1/2} \boldsymbol{F} = \boldsymbol{U} \boldsymbol{D} \boldsymbol{V}^{\text{T}} \tag{7-17}$$

式中：$\boldsymbol{U}$——$I \times I$ 阶正交矩阵；

V——$J \times J$ 阶正交矩阵；

D——有 J 个非零正值的 $I \times J$ 阶对角矩阵，其元素被称为分解的奇异值。

V 的列向量就是分解得到的特征向量。

当两个或两个以上的源成分谱的特征向量超过 0.25 时，就可以认定为共线性源，而将它们归入不定性 / 相似性源组中。

（3）化学组分质量浓度计算值拟合优度的诊断技术。

CMB 模型不仅给出源贡献质量浓度计算值，而且还给出每种化学组分贡献质量浓度计算值。化学组分质量浓度计算值和化学组分质量浓度测量值拟合优劣的诊断指标以 *C/M* 和 *R/U* 表示。

① $\mathrm{RATIO_1}$ 即化学组分质量浓度计算值（*C*）与化学组分质量浓度测量值（*M*）之比值

$$\mathrm{RATIO_1}= C/M=C_i/M_i \tag{7-18}$$

$$\sigma_{C/M} = \left(\sqrt{M_i^2 \cdot \sigma_{C_i}^2} + \sqrt{C_i^2 \cdot \sigma_{M_i}^2}\right) \Big/ \sqrt{\left(M_i C_i\right)^2} \tag{7-19}$$

式中：C_i——i 化学组分质量浓度计算值，μg/m³；

σ_{C_i}——i 化学组分质量浓度计算值的标准偏差，μg/m³；

M_i——i 化学组分质量浓度测量值，μg/m³；

σ_{M_i}——i 化学组分质量浓度测量值的标准偏差，μg/m³。

$\mathrm{RATIO_1}$ 越接近于 1，说明化学组分质量浓度计算值与测量值拟合越好。因此在进行 CMB 拟合时要尽可能地把 *C/M*=1 的化学组分纳入模型中进行计算。

② $\mathrm{RATIO_2}$ 即计算值和测量值之差（*R*）与二者标准偏差平方和的方根（*U*）之比值

$$\mathrm{RATIO_2}=R/U=\left(C_i - M_i\right)\sqrt{\sigma_{C_i}^2 + \sigma_{M_i}^2} \tag{7-20}$$

当某化学组分的 $|R/U| > 2.0$ 时，该化学组分就需要引起重视，如果该比值为正，那么可能有一个或多个源成分谱对这个化学组分的贡献值不合理地过大；如果该比值为负，那么可能有一个或多个源成分谱对这个化学组分的贡献值不合理地过小，甚至有源成分谱被丢失。

（4）其他诊断技术。

①对总质量浓度有贡献的源类和化学组分的诊断。

对总质量浓度有贡献的源类和化学组分以及贡献的大小，用某类源的某种化学组分的计算值占所有源类的某化学组分测量值之和的比值大小来诊断。用下列

公式表示

$$\text{RATIO}_3 = C_{ij} / \sum_{j=1}^{J} M_{ij} \tag{7-21}$$

式中：C_{ij}——j 源类贡献的 i 化学组分的质量浓度计算值，μg/m^3；

M_{ij}——j 源类贡献的 i 化学组分的质量浓度测量值，μg/m^3；

J——j 源类数目，j=1，2，…，J。

② MPIN（Modified pseudo-inverse matrix）矩阵——灵敏度矩阵。

MPIN 是一个正交化的伪逆矩阵，该矩阵反映了每个化学组分对源贡献值和源贡献值标准偏差的灵敏程度。MPIN 矩阵的表示方式如下

$$\text{MPIN}=[\boldsymbol{F}^{\text{T}}(\boldsymbol{V}_{\text{eff}})^{-1}\boldsymbol{F}]^{-1}\boldsymbol{F}^{\text{T}}(\boldsymbol{V}_{\text{eff}})^{-1/2} \tag{7-22}$$

该矩阵已经进行了规范化处理，使其取值范围为 -1 ～ 1。如果某个化学组分的 MPIN 的绝对值在 0.5 ～ 1，则被认为是灵敏组分，即对源贡献值和源贡献值标准偏差有显著影响的组分；如果某个组分的 MPIN 的绝对值小于 0.3，则被认为是不灵敏组分，即对源贡献值和源贡献值标准偏差没有影响的组分；某个组分的 MPIN 的绝对值在 0.3 ～ 0.5，则该组分的灵敏程度被认为是模糊的，即影响不显著或者也可以被认为是没有影响的组分。

7.1.2 二次颗粒物贡献估算方法

7.1.2.1 二次硫酸盐和硝酸盐贡献估算方法

环境空气颗粒物中的硫酸盐和硝酸盐主要由气态 SO_2 和 NO_x 经大气化学反应转化而来，主要以硫酸铵和硝酸铵形态存在。本研究采用国内外常用的方法，以硫酸铵和硝酸铵的化学组成作为硫酸盐和硝酸盐的虚拟成分谱。将硫酸盐和硝酸盐的虚拟成分谱、其他源类成分谱和受体化学组成纳入 CMB 模型 /CMB- 嵌套迭代模型，解析各源类贡献。

7.1.2.2 二次有机碳质量浓度估算方法——CMB- 嵌套迭代模型

目前环境空气中二次有机碳（SOC）质量浓度的估算方法有多种，包括排放源清单 OC/EC 法、反应化学迁移模型法、非反应性迁移模型法、最小 OC/EC 值法等，但输入参数难以获得、不确定性过大等原因给二次有机碳的估算造成困难。

而且，二次有机碳组成复杂多样，难以建立成分确定、单一的SOC成分谱，使用OC作为虚拟成分谱会造成很大的共线性问题。为解决SOC的估算问题，南开大学创立了一套新的方法——CMB-嵌套迭代模型估算法。该方法从受体角度考虑，基于CMB模型的基本原理，通过嵌套的迭代估算法对受体中OC含量进行修正，直到将受体中SOC量全部扣除（达到收敛要求）。重构CMB模型的受体成分谱，使之与源成分谱更加匹配。将修正后的受体成分谱以及源成分谱纳入CMB模型，估算POC质量浓度和SOC质量浓度，同时解析出每个源的贡献值。

CMB-嵌套迭代模型的迭代步骤如下（上标 k 表明迭代的第 k 步）：

（1）设定初始的SOC质量浓度值为0。

$$\mathrm{SOC}^0=0 \tag{7-23}$$

（2）建立第 k 次迭代过程中修正后的受体成分谱与源成分谱的平衡关系。

$$(C^*)^k= F\times S^k \tag{7-24}$$

（3）用CMB模型估算第 k 次迭代的源贡献值 S_j^k。S_j^k 是第 j 类源对修正后受体的估算贡献值。在每一次迭代中，CMB模型的计算结果必须满足诊断指标的要求。

（4）估算第 k 次迭代受体中POC*的质量浓度值。

$$\mathrm{POC}^{*k}=\sum_{j=1}^{J}\mathrm{OC}_j\cdot S_j^k \tag{7-25}$$

式中：OC_j——第 j 类源中组分OC含量的测量值，g/g。

（5）估算第 k 次迭代受体中SOC的质量浓度值。

$$\mathrm{SOC}^k=\mathrm{TOC}-\mathrm{POC}^{*k} \tag{7-26}$$

（6）检验第 $k-1$ 步与第 k 步的 S_j 数值。

如果 $|(S_j^k-S_j^{k-1})/S_j^k|>0.01$，

$$|(\mathrm{POC}^k-\mathrm{POC}^{k-1})/\mathrm{POC}^k|>0.01 \tag{7-27}$$

$$|(\mathrm{SOC}^k-\mathrm{SOC}^{k-1})/\mathrm{SOC}^k|>0.01 \tag{7-28}$$

未达到收敛，回到步骤（2）；

如果 $|(S_j^k-S_j^{k-1})/S_j^k|<0.01$，

$$|(\mathrm{POC}^k-\mathrm{POC}^{k-1})/\mathrm{POC}^k|<0.01 \tag{7-29}$$

$$|(\mathrm{SOC}^k-\mathrm{SOC}^{k-1})/\mathrm{SOC}^k|<0.01 \tag{7-30}$$

达到收敛，进入步骤（7）。

（7）计算最终的结果。

式中：C^*——扣除SOC后的受体质量浓度；

S_j^k——源估算贡献值；

POC^{*k}——受体 POC 质量浓度估算值；
SOC^{k}——受体 SOC 质量浓度估算值。

7.1.3 精细化源解析技术方法

7.1.3.1 技术流程

大气颗粒物源解析的精细化技术是循序渐进的过程，主要通过细化和丰富一次颗粒物子源类成分谱，利用排放源清单和空气质量模型对二次源类的贡献进行再分配。对天津市大气颗粒物排放源类进行精细化的源解析，具体技术流程如下。

（1）构建分行业（一次子源类）的精细化源成分谱，纳入 CMB- 嵌套迭代模型进行模拟，获得分行业（一次子源类）对大气颗粒物的贡献浓度，如图 7-1 所示。

根据大气颗粒物污染源精细化管理需求，将天津市本地污染排放进一步细分为如下来源：燃煤（细分为电厂燃煤、供热燃煤、民用燃煤）、工业（细分为工业燃煤、工艺过程）、机动车（细分为载客汽车、载货汽车、非道路移动源）、扬尘（包括堆场扬尘、建筑施工扬尘、道路扬尘、土壤风沙等排放）、其他（包括餐饮油烟、农业生产、海盐粒子等排放）。

应用 CMB、CMB- 嵌套迭代模型等受体模型解析环境空气中颗粒物的主要来源及贡献，得到常规源解析结果。在此基础上，结合污染源排放清单数据，根据不同行业的气态前体物（SO_2、NO_x、VOCs 等）排放量，将常规源解析结果中二次粒子（二次硫酸盐、二次硝酸盐、二次有机物）的贡献分解到相应的精细化解析源类。按照不同行业燃煤的 PM_{10} 和 $PM_{2.5}$ 排放量，将常规源解析结果中煤烟尘的贡献分解到电厂燃煤、供热燃煤、民用燃煤、工业燃煤和工艺过程五类来源中。将冶金尘的贡献合并到精细化解析结果中的工艺过程。按照不同机动车类型的 PM_{10} 和 $PM_{2.5}$ 排放量，将常规源解析结果中机动车尾气尘的贡献分解到载客汽车、载货汽车、非道路移动源三类来源中。综上所述，基于受体模型的解析结果，并结合行业排放清单，对天津市环境空气中 PM_{10}、$PM_{2.5}$ 的来源进行精细化解析。

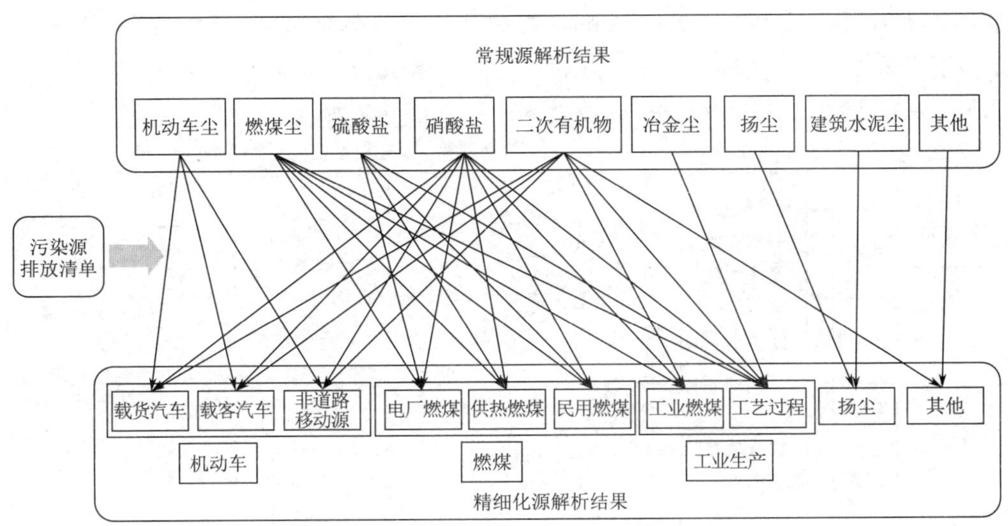

图 7-1　精细化源解析源类细分示意图

（2）在 CMB 模型结果诊断与优化模块中嵌套 CALPUFF 模型。结合源排放清单，利用 CALPUFF 模型模拟不同行业（或子源类）排放的一次颗粒物对受体环境的贡献，将 CALPUFF 模拟结果（各类一次颗粒物排放源的贡献及排序）作为受体模型结果优化模块中的诊断指标之一，提高解析结果诊断的针对性和可靠性，如图 7-2 所示。

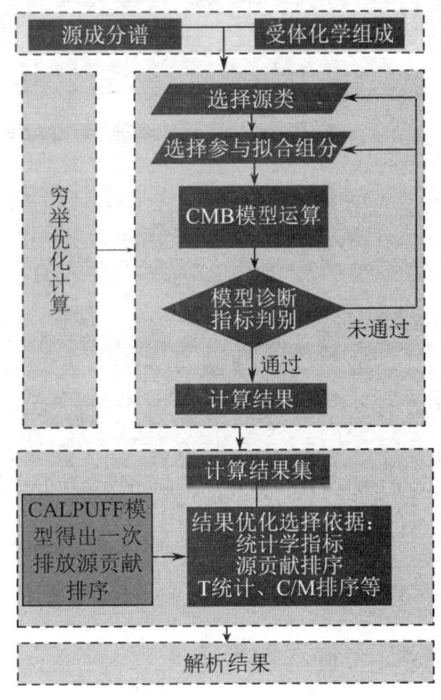

图 7-2　受体模型诊断优化模块嵌套 CALPUFF 模式流程

（3）集成受体模型与 CALPUFF 模型，对颗粒物污染来源进行精细化解析。利用 CMB- 嵌套迭代模型，解析不同源类对环境受体中一次颗粒物的浓度贡献，并定量估算受体中二次硫酸盐、二次硝酸盐、二次有机碳的浓度。利用 CALPUFF 模型模拟不同行业（或子源类）排放

的一次颗粒物以及 SO_2、NO_x、VOCs 等前体物对受体环境的贡献，在此基础上，对受体模型解析结果进行分解，将颗粒物污染源解析至不同子源类（或特定污染源），并定量解析二次颗粒物前体物的来源。如图 7-3 所示。

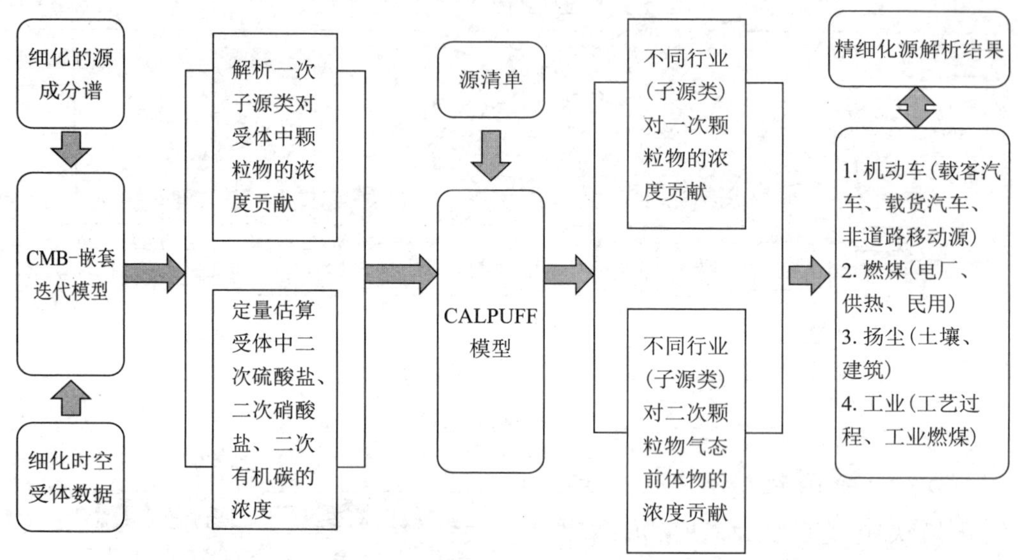

图 7-3 集成受体模型与 CALPUFF 模型的污染源精细化解析流程

7.1.3.2 适用条件

（1）对污染物的输送扩散、干湿沉降过程模拟较简单，不能模拟复杂的大气化学过程。

（2）对二次颗粒物前体物浓度贡献的解析基于如下假设：二次硫酸盐、二次硝酸盐的气态前体物排放源全部已知；各污染源排放的气态前体物活性与转化效率相同。

（3）研究区域所有污染源类均可被识别；各污染源类的标识组分或标识组分比值之间有显著差异，不同子源类具有较为显著的标识组分；各源类所排放的颗粒物之间没有相互作用；源和受体之间的化学组分存在质量平衡关系。

7.1.3.3 不确定性来源

受体模型与简易源模型结合进行污染源精细化解析的不确定性主要来源于：①相对简单的扩散、干湿沉降过程的模拟；②缺乏复杂大气化学反应的模拟；

③源排放清单的不确定性；④受体化学组分采样分析的不确定性、污染源成分谱不确定性、拟合组分的选择、源和受体的匹配程度等。

7.1.3.4 可达目标

①解析不同源类对环境受体颗粒物的浓度贡献和分担率；②解析具有可靠源排放清单的行业（或子源类）对环境受体中一次颗粒物和二次颗粒物前体物浓度的贡献。

7.1.3.5 必备的主要资料信息

① CMB- 嵌套迭代模型（如 CMB-Iteration2.0 等）；②满足受体模型要求的颗粒物源谱、受体颗粒物化学组成等信息；③简易空气质量模型（CALPUFF、AERMOD、ADMS 等）；④满足简易空气质量模型要求的气象观测资料或气象要素场、地形和下垫面资料等信息；⑤具有准确可靠的分行业（或子源类）排放源清单。

7.2 小尺度源解析技术方法构建

精细化源解析技术体系实现了中尺度城市颗粒物来源不同季节、不同区域的精细化解析，在传统源解析基础上将解析结果推进一大步。然而在实际大气污染防治工作中，随着环保专项网格监管机制的建立，对源解析精细化、属地化管理提出了新的要求，本技术方法旨在构建 3 km×3 km 小尺度污染源解析方法，为环境管理精确定位、及时反馈提供宝贵的技术思路。

ADMS-EIA 是一个可综合处理多种类型污染源的系统，可同时模拟单个或多个工业源（包括点源、面源、线源、体源）、网格源和交通源，模拟城市区域内工业、居民生活和道路交通污染源产生的污染物在大气中的扩散，适用于建设项目环境影响评价、交通道路环境影响评价、区域规划政策环境影响评价、大气环境容量计算等项目。与其他应用于城市区域的大气扩散模型相比，ADMS 系列软件的一个显著区别是应用了基于 Monin-Obukhov 长度和边界层高度来对边界层结构进行参数化描述的最新物理知识，而其他模型则使用离散的 Pasquill 稳定度来定义边界层特征。在新的方法中，定义边界层结构的物理参数可通过测量直接得到，这样能更真实地表现出扩散过程随高度变化的特征，所得污染物浓度预测结果通常更为精确和可信。

同时 ADMS-EIA 模型可与 ArcGIS、Suffer 等软件联用，导入数字地图、CAD 图片或航片图等作为底图，将项目计算结果在图形界面可视化，例如输出等值浓度图、叠加底图编辑生成模拟扩散图等。

各源类对环境空气污染物浓度的贡献率以百分比为计量，取自模型模拟的贡献质量浓度与污染物平均质量浓度的比值。值得注意的是，CO 的监测评价质量浓度采用 CO 24 h 平均质量浓度第 95 百分位数，而非 CO 平均质量浓度。为客观评价 CO 源类的贡献，模型评估给出的各源类的贡献率和贡献质量浓度均为各典型源对 CO 平均质量浓度的贡献。

（1）供热锅炉及工业企业排放参数选择。

集中供热锅炉及工业企业排放的相关参数选用本次污染源调查结果，无数据的选用环统数据或使用同类型源类的经验参数。

（2）散煤燃烧模拟参数处理。

散煤燃烧影响评估利用等效排放原理进行模拟。散煤燃烧的特点是燃烧分散且每家排放强度均不同，对区域空气质量的影响与面源相似，故采用等效面源法模拟。

散煤燃烧区域面积以实际片区外延为界，分别计算各片区面积。如果两块散煤燃烧区隔一条河或者宽马路，归为同一面源。由于模型面源输入限制，单个面源形状需为凸多边形，且定点数量小于 50 个。

散煤区排放数据根据物料均衡法计算，其中排放强度单位为 $g/(m^2·s)$。各散煤燃烧面源基于各自燃煤量数据经过折算后得到排放强度数据。

（3）扬尘源参数选择。

扬尘源主要包括道路扬尘源、建筑施工扬尘源和裸地堆场扬尘源，其中道路扬尘源为线源排放，建筑施工扬尘和裸地堆场扬尘近似面源排放。相关道路长度及施工工地面积、裸地堆场面积根据本次污染源清单调查的实测结果或污染源核查清单结合遥感数据确定。各类扬尘污染源的排放量、排放强度等数据根据折算得到。

（4）道路交通参数选择。

道路交通影响评估涉及的参数主要包括车型、每小时平均车流量、平均车速、道路宽度、窄谷高度、道路高程、排放标准等。其中，道路宽度、窄谷高度和道路高程根据实测结果确定，排放标准选用交通部 2006 年制定的排放标准，车型、车流量、车速数据选用污染源实地调查结果，无数据的选用同类型道路的一般经验值代替。

（5）气象条件选择。

各类典型污染源均分长期、短期两种模式进行模拟评估。其中，长期模式下，选用全年逐 6 h 的气象数据模拟污染源对点位全年空气质量的平均影响效果，气象参数包括风向、风力、温度、湿度、大气压以及云量等；短期模式下，选用重污染日气象条件模拟重污染条件下气象条件对点位空气质量的影响。

技术路线如下（如图 7-4 所示）。

（1）环境空气污染特征分析。

利用 2013 年以来该区域环境空气质量自动监测数据，动态评估该区域环境空气质量变化趋势及污染变化特点，与全市或周边邻近区域空气质量进行横向比对分析，找出区域共性以及自身污染特征；从小时、日、月、年度级别监测数据入手，利用时间序列方法开展精细化大气污染特征分析，识别不同季节、不同时段的污染特点及防治重点；分析典型时段典型污染过程，如采暖季重污染日、春季沙尘日等。

（2）建立精细化污染源空间排放清单。

基于空气质量的分析，对主要污染源进行鉴定；通过“数据协调”和“实地调查”两种方式对企业、道路、居民、商铺、工地、裸地、堆场、加油站、其他污染源等 9 类污染源进行调查，获取 9 大类污染源的活动水平数据、空间分布信息；梳理、整理前期调查的污染源数据，基于 GIS 对大气污染源的空间分布进行分析；基于环境保护部发布的“清单技术指南”，核算 9 大类污染源的排放量，构建大气污染源排放清单，并基于 GIS 对大气污染物的空间分布特征进行分析。

（3）精细化大气污染源解析。

充分利用模型模拟技术手段，结合精细化污染源清单结果及气象资料，定量解析不同类别、不同情形下重点区域内的污染源对环境空气质量的贡献。给出各类污染源（企业污染源、道路污染源、居民污染源、商铺污染源、工地扬尘、裸地扬尘、堆场扬尘、加油站、其他污染源等）在全年及特殊气象条件下对主要污染物贡献的绝对浓度和相对比例。然后，结合针对性大气污染防治措施，对采取措施后各类污染源的减排效果及对环境空气质量的影响进行模拟评估。

（4）大气污染防治对策。

根据污染特征分析结果、污染源清单以及精细化源解析结果，提供针对性的污染控制建议，为空气质量持续改善提供技术支撑。

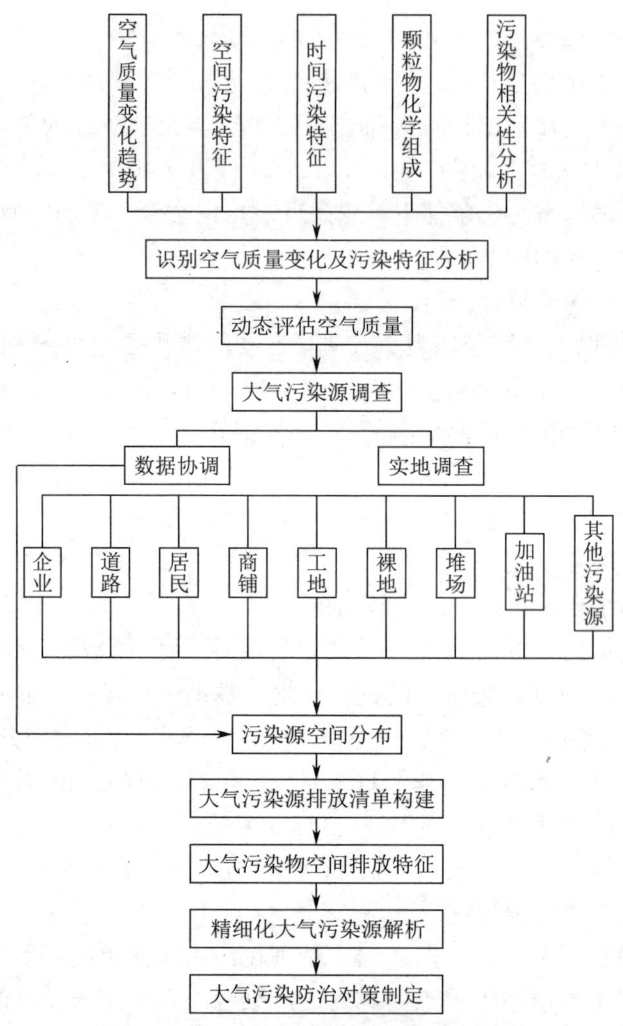

图 7-4 小尺度源解析技术路线

7.3 大气颗粒物源解析结果

7.3.1 全年源解析结果

（1）常规源解析结果。

应用 CMB 模型解析得到各一次源类和二次颗粒物对天津市全年 PM_{10}、$PM_{2.5}$ 的贡献（如表 7-1 所示）。

表 7-1　天津市全年 PM_{10}、$PM_{2.5}$ 来源模型解析结果　　单位：%

源类	PM_{10}	$PM_{2.5}$
土壤尘	19.4	10.5
建筑水泥尘	12.5	9.2
煤烟尘	12.7	13.0
二次硫酸盐	8.3	10.9
二次硝酸盐	13.5	19.3
机动车尾气尘	11.9	15.1
冶金尘	3.7	3.5
海盐粒子	0.8	0.7
二次有机碳	5.1	7.2
其他	12.1	10.5

天津市全年采样期间 PM_{10} 的源解析结果显示，在参与拟合的源类中，各源类的分担率大小依次为：土壤尘（19.4%）> 二次硝酸盐（13.5%）> 煤烟尘（12.7%）> 建筑水泥尘（12.5%）> 机动车尾气尘（11.9%）> 二次硫酸盐（8.3%）> 二次有机碳（5.1%）> 冶金尘（3.7%）> 海盐粒子（0.8%）。

天津市全年采样期间 $PM_{2.5}$ 的源解析结果显示，在参与拟合的源类中，各源类的分担率大小依次为：二次硝酸盐（19.3%）> 机动车尾气尘（15.1%）> 煤烟尘（13.0%）> 二次硫酸盐（10.9%）> 土壤尘（10.5%）> 建筑水泥尘（9.2%）> 二次有机碳（7.2%）> 冶金尘（3.5%）> 海盐粒子（0.7%）。

（2）全市综合源解析结果。

扬尘、机动车分别是天津市全年 PM_{10}、$PM_{2.5}$ 来源的主要贡献者。天津市全年 PM_{10} 主要来源及贡献依次为扬尘（31.9%）、机动车（20.5%）、燃煤（18.8%）和工业（18.6%）。$PM_{2.5}$ 主要来源依次为机动车（26.3%）、工业（22.7%）、燃煤（22.3%）、和扬尘（19.7%）。

（3）精细化源解析结果。

全年综合源解析和精细化源解析结果分别如图 7-5 和图 7-6 所示。颗粒物中扬尘源两个子源（土壤尘和建筑水泥）贡献相当；电厂对 PM_{10} 和 $PM_{2.5}$ 中燃煤源的贡献较大，分别为 45.9%、52.7%；载货汽车是 PM_{10} 和 $PM_{2.5}$ 中机动车源的主要贡献者，贡献率均为 47.9%；PM_{10} 和 $PM_{2.5}$ 的工业源中工业燃煤贡献率较大，分别为 56.2%、60.1%。

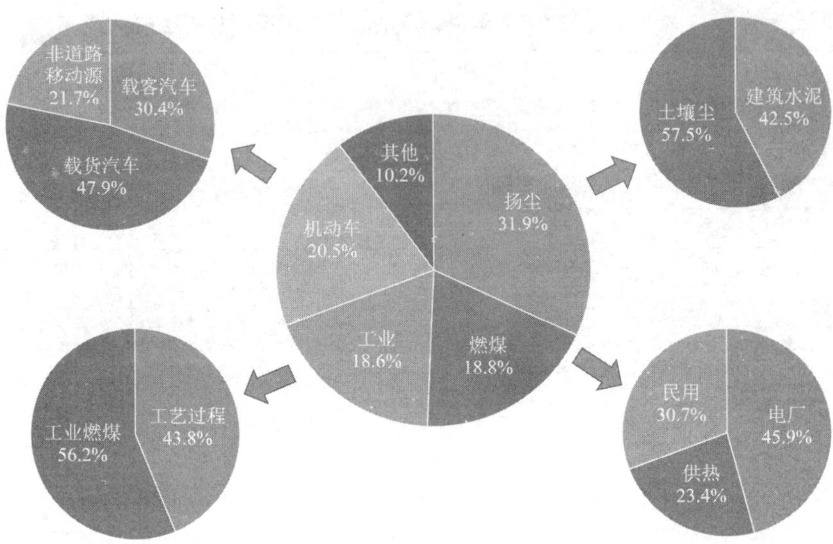

图 7-5　全年 PM_{10} 综合源解析和精细化源解析结果

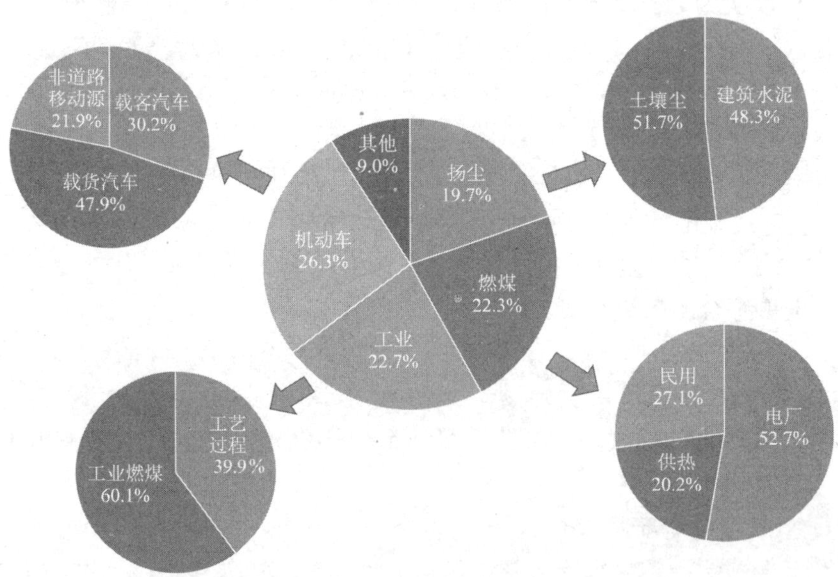

图 7-6　全年 $PM_{2.5}$ 综合源解析和精细化源解析结果

注：载客汽车包括微小型汽车、中型汽车和大型汽车。

（4）分区源解析结果。

5 个区域全年 PM_{10} 和 $PM_{2.5}$ 来源比较结果分别如表 7-2 和表 7-3 所示。

各区域中，中心城区和环城区的机动车贡献较为突出，对 PM_{10} 贡献分别为 21.3% 和 19.8%，对 $PM_{2.5}$ 贡献分别为 27.6% 和 25.7%；东北远郊区燃煤贡献明显增加，对 $PM_{2.5}$ 的贡献为 25.8%；滨海新区受扬尘源和工业源影响最大，但整体各区域的扬尘贡献都呈降低趋势；西南部地区仍受“三小”工业源影响。

表 7-2　5 个区域全年 PM_{10} 来源比较

源类	分担率 /%				
	中心城区	环城区	滨海新区	东北远郊区	西南远郊区
扬尘	31.3	30.8	31.2	32.4	31.0
燃煤	19.1	19.5	17.6	22.2	17.2
工业	15.7	19.1	20.3	16.2	19.2
机动车	21.3	19.8	20.1	18.4	17.4
其他	12.6	10.8	10.8	10.9	15.1
监测值	—	—	—	—	—

表 7-3　5 个区域全年 $PM_{2.5}$ 来源比较

源类	分担率 /%				
	中心城区	环城区	滨海新区	东北远郊区	西南远郊区
扬尘	20.6	18.4	21.9	18.7	21.8
燃煤	22.0	23.3	20.8	25.8	21.2
工业	18.3	22.6	24.1	19.1	24.0
机动车	27.6	25.7	23.5	23.3	21.9
其他	11.6	10.0	9.6	13.0	11.2
监测值	—	—	—	—	—

（5）PMF 与 CMB 结果对比。

为了更好地了解天津市大气颗粒物的来源特征，将 PMF 和 CMB 的源解析结果进行对比。PMF 与 CMB 模型的数据要求及优缺点如表 7-4 所示。

表 7-4 CMB、PMF 模型的数据要求及优缺点

模型	数据要求	优点	缺点
化学质量平衡模型法（CMB）	①源成分谱（化学成分质量百分比均值 ± 标准偏差，g/g）； ②受体成分谱（化学成分质量浓度均值 ± 标准偏差，μg/m³）； ③源的标识组分	质量守恒的原理清晰； 定量给出各源类贡献值和分担率； 可以根据诊断指标对结果进行优选； 具有近 40 年的应用历程，有模型软件包提供技术支持	需要不断更新本地排放源成分谱； 不具有预测的功能； 估算二次颗粒物贡献需要虚拟源参与拟合； 需要克服共线性源的干扰
正定矩阵因子分解法（PMF）	①根据空间或时间分布采集 50 ～ 100 个样品； ②源的标识组分	试图提取可能在受体出现的源谱； 试图将二次组分与排放源联系起来； 对于未知的或者次要源的影响很敏感	结果具有较强的主观性； 只能推出大概的源类型

由于 PMF 解析本身不依赖于源谱，识别出来的因子需要和实测的源谱或者文献报道的源谱进行比对后再进行源类判定，若没有本地化的源谱做参考，可能会在污染源类识别的过程中存在一定的偏差。考虑到这一不确定性，在本研究中，PMF 的解析结果仅仅作为参考，与 CMB 的解析结果进行比对，验证 CMB 结果的合理性。因此，最终的源解析结果仍以 CMB 结果为准。

由表 7-5 可知，基于 CMB 模型解析得到的天津市 5 个分区 PM_{10} 的主要来源是土壤尘、煤烟尘、建筑水泥尘、机动车尘、二次硝酸盐，而二次硫酸盐、冶金尘、二次有机碳、海盐粒子的贡献率都小于 10%。$PM_{2.5}$ 的主要来源是二次硝酸盐、煤烟尘、机动车尘、土壤尘、二次硫酸盐，这 5 类排放源对颗粒物的贡献率均高于 10%。

由表 7-6 和图 7-7 可知，基于 PMF 模型解析得到的天津市 5 个分区 PM_{10} 的主要来源依次为土壤尘、二次离子、燃煤 / 生物质燃烧源、柴油车尾气，其贡献率分别为 30.0%、21.6%、20.5%、10.2%，而工业源、汽油车尾气、建筑水泥尘贡献率低于 10%。$PM_{2.5}$ 的主要来源依次为二次离子、燃煤 / 生物质燃烧源、土壤尘、工业源和建筑水泥尘。

从 PMF 和 CMB 源解析结果均可以看出，天津市 PM_{10}、$PM_{2.5}$ 污染源不仅种类复杂多样，而且空间上也存在一定的差异。CMB 法和 PMF 法的结果均表明，土壤尘、燃煤源、二次离子、机动车尘是天津市环境空气颗粒物主要的来源，总

表 7-5　CMB 模型解析天津市 PM_{10} 和 $PM_{2.5}$ 来源分区结果

单位：%

源类	中心城区		环城区		滨海新区		东北远郊区		西南远郊区		平均	
	PM_{10}	$PM_{2.5}$	PM_{10}	$PM_{2.5}$	PM_{10}	$PM_{2.5}$	PM_{10}	$PM_{2.5}$	PM_{10}	$PM_{2.5}$	PM_{10}	$PM_{2.5}$
二次硫酸盐	7.3	11.0	7.6	12.4	8.6	10.9	7.8	11.5	6.8	9.6	7.6	11.1
二次硝酸盐	11.3	17.8	12.2	19.5	12.8	16.2	12.2	18.4	9.5	14.6	11.6	17.3
冶金尘	3.8	2.8	4.3	3.4	4.7	4.2	4.1	2.1	4.0	3.2	4.2	3.1
煤烟尘	12.6	14.3	14.4	12.6	14.3	14.4	16.3	15.1	14.1	15.8	14.4	14.4
机动车尘	12.2	15.5	13.1	14.0	12.2	14.7	10.9	13.4	10.3	13.2	11.8	14.2
二次有机碳	4.8	5.8	4.5	5.5	3.9	4.7	4.9	5.6	4.3	5.1	4.5	5.3
海盐粒子	0.8	0.6	0.7	0.5	1.4	0.8	0.8	0.6	0.8	1.0	0.9	0.7
土壤尘	21.0	12.0	18.9	10.8	19.1	12.0	19.2	9.4	19.3	12.7	19.5	11.4
建筑水泥尘	11.5	8.6	11.3	8.2	11.6	9.7	13.4	9.3	11.8	9.6	11.9	9.1

表 7-6　PMF 模型解析天津市 PM_{10} 和 $PM_{2.5}$ 来源分区结果

单位：%

源类	中心城区		环城区		滨海新区		东北远郊区		西南远郊区		平均	
	PM_{10}	$PM_{2.5}$	PM_{10}	$PM_{2.5}$	PM_{10}	$PM_{2.5}$	PM_{10}	$PM_{2.5}$	PM_{10}	$PM_{2.5}$	PM_{10}	$PM_{2.5}$
二次离子	22.1	32.4	22.3	32.7	23.9	27.8	21.6	33.2	15.1	22.9	21.6	30.4
工业源	9.0	11.6	9.9	11.1	7.9	8.2	7.9	9.4	11.3	14.4	9.1	10.8
燃煤 / 生物质燃烧源	20.2	19.8	20.2	18.9	19.6	16.6	20.0	19.5	24.4	22.8	20.5	19.3
柴油车尾气	9.1	7.4	10.1	6.3	11.6	10.0	10.7	10.1	9.2	5.0	10.2	7.8
汽油车尾气	2.6	5.0	2.6	5.4	1.9	4.5	3.5	5.8	2.7	5.7	2.6	5.2
土壤尘	31.3	16.2	29.6	17.2	27.9	22.8	30.6	13.1	31.2	17.4	30.0	17.4
建筑水泥尘	5.7	7.8	5.3	8.4	7.1	10.2	5.8	8.9	6.2	11.7	6.0	9.1

体而言，两种方法的解析结果较为相近，虽然存在一定的差异，但是各类污染源的排序大体上一致，PMF 可以印证 CMB 结果的合理性。两种方法结果间差异主要是由于方法本身的不同和源谱的不确定性等原因导致的。

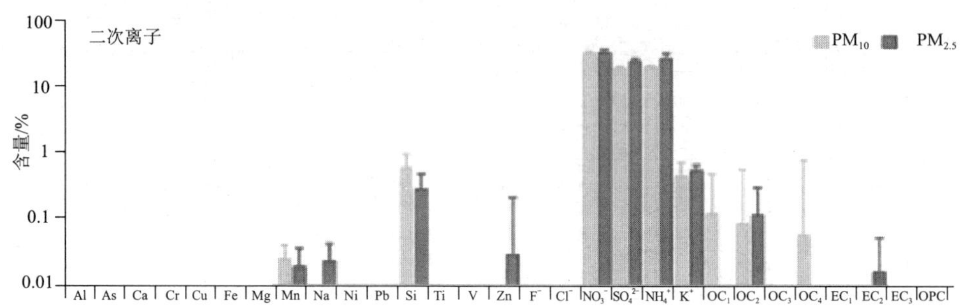

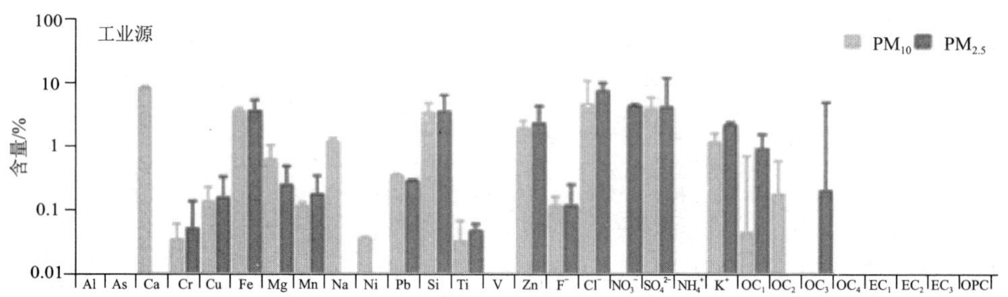

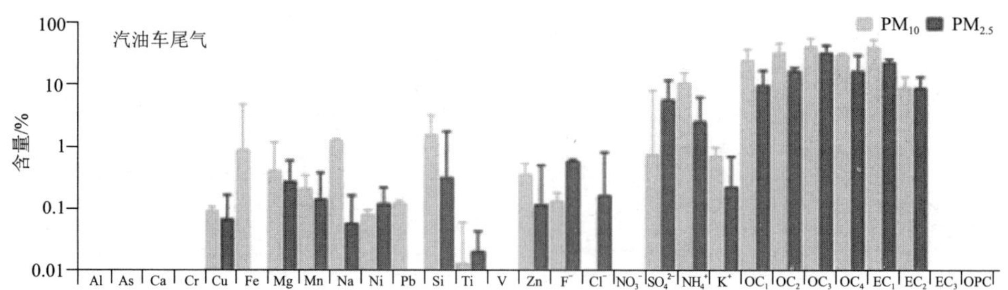

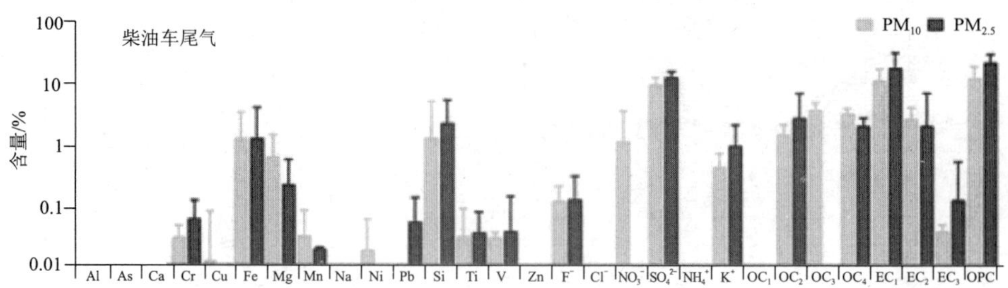

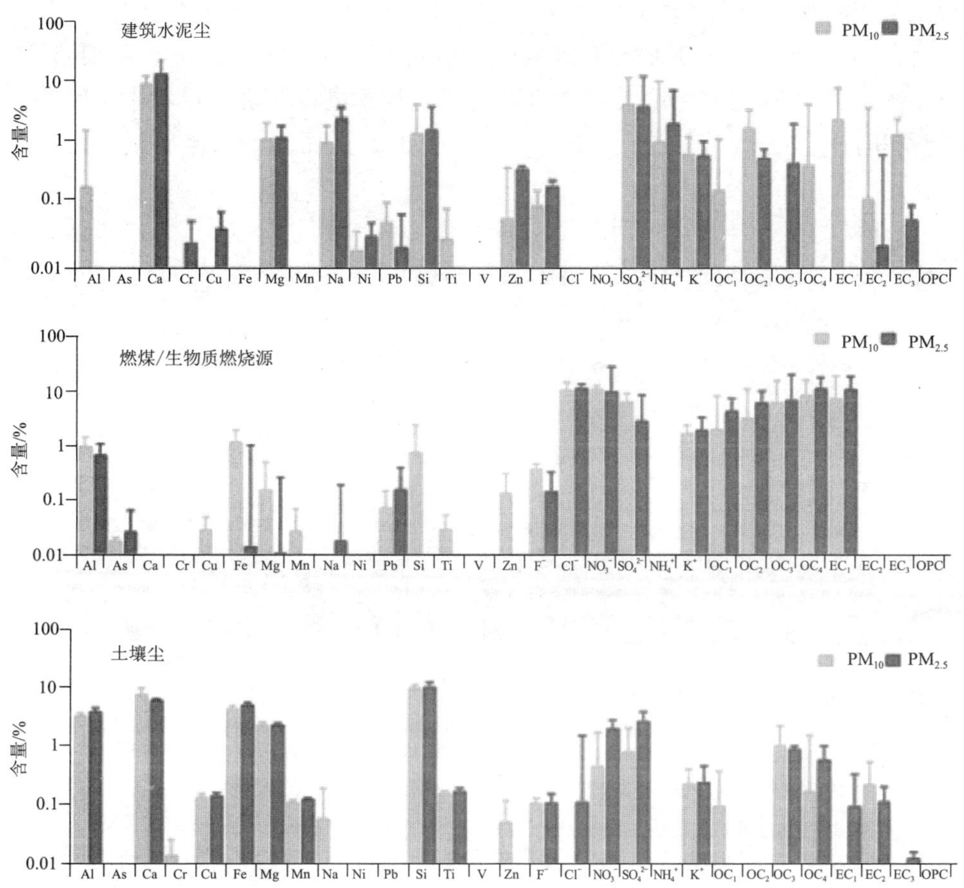

图 7-7　PMF 模型解析天津市 PM_{10} 和 $PM_{2.5}$ 来源分区结果

7.3.2　季节源解析结果

天津市采暖季、风沙季、夏季和秋季源解析结果如图 7-8 所示。

采暖季燃煤源影响明显高于风沙季和夏季，燃煤对 PM_{10} 和 $PM_{2.5}$ 的贡献分别为 24.2% 和 27.1%，分别高出 8.3 个百分点和 6.3 ～ 9.0 个百分点。

风沙季扬尘贡献率显著高于其他季节，扬尘对 PM_{10} 和 $PM_{2.5}$ 的贡献分别为 36.7% 和 26.8%，分别高出 4.4 ～ 7.0 个百分点和 8.6 ～ 10.5 个百分点。

夏季机动车影响明显高于其他季节，机动车对 PM_{10} 和 $PM_{2.5}$ 的贡献分别为

24.5% 和 29.5%，分别高出 6.2 ～ 8.3 个百分点和 4.9 ～ 8.1 个百分点。

秋季机动车污染的贡献和夏季相近，都处于较高水平，比采暖季和风沙季上升 6.8 ～ 8.1 个百分点和 4.7 ～ 5.0 个百分点；秋季燃煤源贡献仅次于采暖季，比风沙季和夏季分别上升 3.5 ～ 5.2 个百分点和 2.5 ～ 3.6 个百分点；而扬尘源呈下降趋势。

工业源稳中有升，贡献值在季节间浮动较小。可见不同季节需着重治理的污染源类不同，应采取有针对性的措施，有差别性地开展大气污染防治工作。

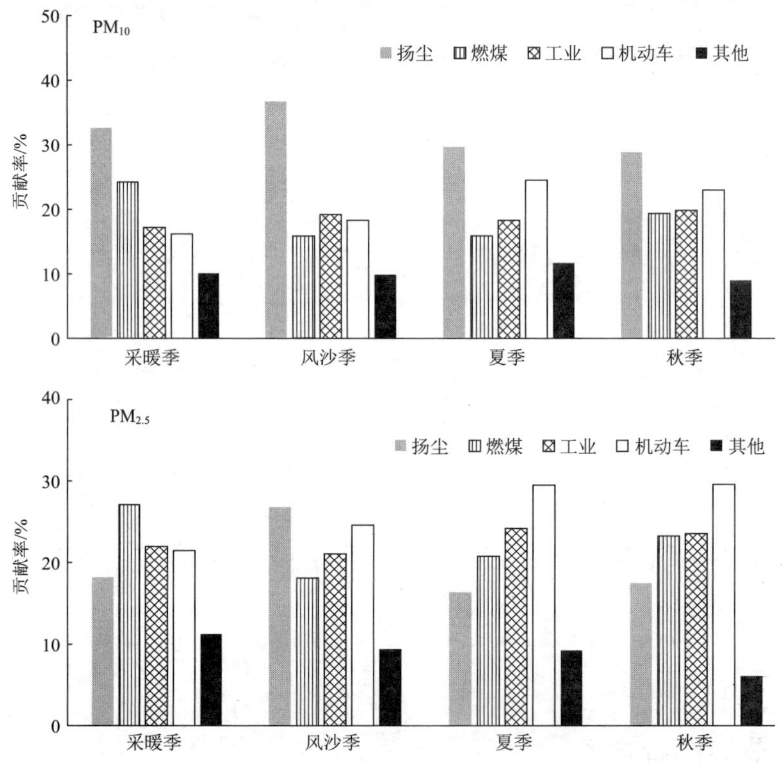

图 7-8 天津市采暖季、风沙季、夏季和秋季源解析结果对比

7.3.2.1 采暖季

（1）常规源解析结果。

应用 CMB 模型解析得到各一次源类和二次颗粒物对天津市采暖季 PM_{10}、$PM_{2.5}$ 的贡献，如表 7-7 所示。

表 7-7　天津市采暖季 PM_{10}、$PM_{2.5}$ 来源模型解析结果　　单位：%

源类	PM_{10}	$PM_{2.5}$
土壤尘	23.4	10.3
建筑水泥尘	8.9	7.9
煤烟尘	19.4	16.1
二次硫酸盐	7.3	11.4
二次硝酸盐	11.9	20.6
机动车尾气尘	10.5	12.0
冶金尘	4.0	3.9
海盐粒子	0.7	0.5
二次有机碳	4.5	6.6
其他	9.4	10.7

天津市采暖季采样期间 PM_{10} 的源解析结果显示，在参与拟合的源类中，各源类的分担率大小依次为土壤尘（23.4%）、煤烟尘（19.4%）、二次硝酸盐（11.9%）、机动车尾气尘（10.5%）、建筑水泥尘（8.9%）、二次硫酸盐（7.3%）、二次有机碳（4.5%）、冶金尘（4.0%）、海盐粒子（0.7%）。以上源类中，以土壤尘为首要贡献源类，煤烟尘、二次硝酸盐和机动车尾气尘的分担率均超过 10%。

天津市采暖季采样期间 $PM_{2.5}$ 的源解析结果显示，在参与拟合的源类中，各源类的分担率大小依次为二次硝酸盐（20.6%）、煤烟尘（16.1%）、机动车尾气尘（12.0%）、二次硫酸盐（11.4%）、土壤尘（10.3%）、建筑水泥尘（7.9%）、二次有机碳（6.6%）、冶金尘（3.9%）、海盐粒子（0.5%）。贡献源类以二次颗粒物以及煤烟尘为主（分担率 >15%），二次颗粒物的累计贡献（二次硫酸盐 + 二次硝酸盐 + 二次有机碳）达 38.6%，成为首要贡献源类。

（2）全市综合源解析结果。

应用 CMB 受体模型解析天津市环境空气中 PM_{10}、$PM_{2.5}$ 的主要来源及贡献，得到常规源解析结果。在此基础上，结合污染源排放清单，根据不同源类的气态前体物（SO_2、NO_x、VOCs 等）排放量，将常规源解析结果中二次粒子（硫酸盐、硝酸盐、二次有机物）的贡献进行分解，合并到相应的综合解析源类。按照不同行业燃煤的 PM_{10} 和 $PM_{2.5}$ 的排放量，将常规源解析结果燃煤尘的贡献分解到燃煤、工业生产两类来源中。冶金尘的贡献合并到综合解析结果中的工业生产。

扬尘为 PM_{10} 首要贡献源，$PM_{2.5}$ 中燃煤和机动车贡献突出（如图 7-9 和图 7-10

所示）。采暖季 PM_{10} 主要来源依次为扬尘（32.3%）、燃煤（24.2%）、工业（17.2%）和机动车（16.2%）。$PM_{2.5}$ 主要来源依次为燃煤（27.1%）、工业（22.0%）、机动车（21.5%）和扬尘（18.2%）。

（3）精细化源解析结果。

土壤尘是 PM_{10} 和 $PM_{2.5}$ 中扬尘源的主要来源，贡献分别为 72.4%、56.6%；民用和电厂分别对 PM_{10} 和 $PM_{2.5}$ 中燃煤源的贡献较大，分别为 40.6%、47.5%；载货汽车是 PM_{10} 和 $PM_{2.5}$ 中机动车源的主要贡献者，分别为 47.5%、45.7%；工业源中工业燃煤和工艺过程颗粒物贡献相当。

（4）分区源解析结果。

5 个区域采暖季 PM_{10} 和 $PM_{2.5}$ 来源比较结果分别如表 7-8 和表 7-9 所示。

各区域源贡献差异明显。中心城区和滨海新区扬尘的贡献较高，对 PM_{10} 的贡献均超过 30%，对 $PM_{2.5}$ 的贡献均超过 19%。其中扬尘对中心城区 PM_{10} 的贡献高达 31.7%。东北远郊区煤烟尘贡献较高，对 PM_{10} 和 $PM_{2.5}$ 贡献分别为 32.4% 和 32.9%。机动车的贡献在城区明显高于远郊区。西南远郊区工业源贡献较高，且源类构成复杂，未解析的源类的贡献较高，在 PM_{10}、$PM_{2.5}$ 中贡献分别为 12.1%、16.1%。

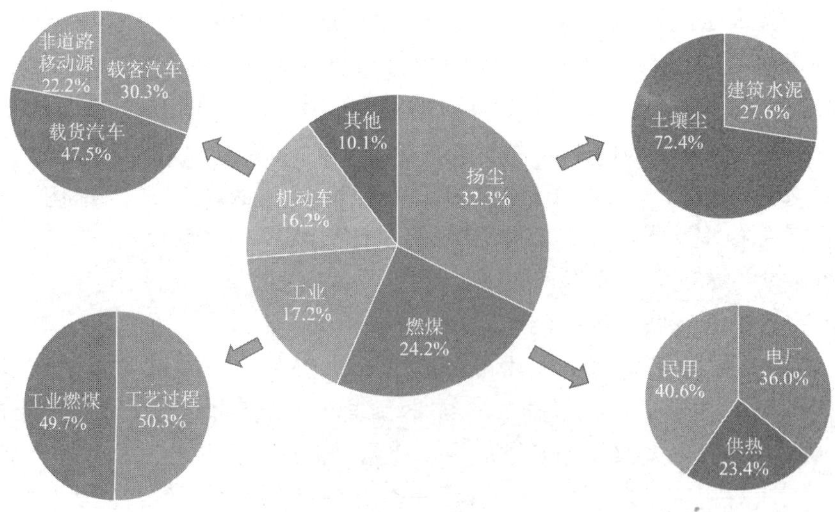

图 7-9　采暖季 PM_{10} 综合源解析和精细化源解析结果

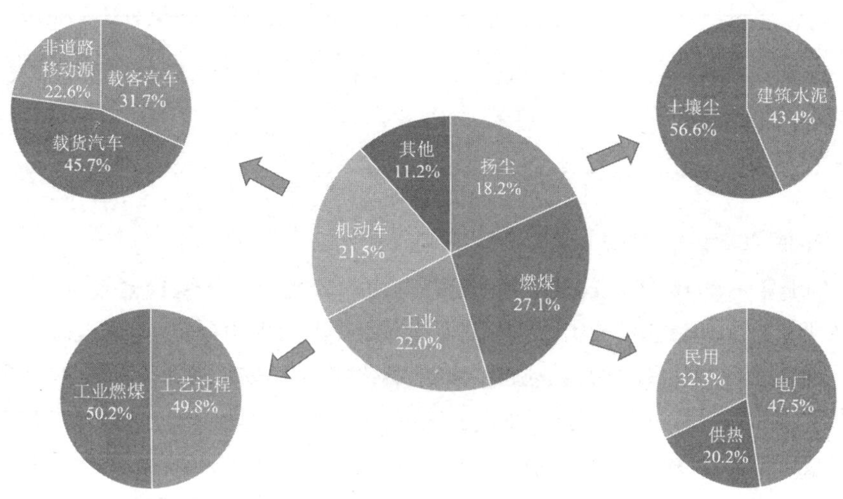

图 7-10　采暖季 $PM_{2.5}$ 综合源解析和精细化源解析结果

注：载客汽车包括微小型汽车、中型汽车和大型汽车。

表 7-8　5 个区域采暖季 PM_{10} 来源比较

源类	分担率 /%				
	中心城区	环城区	滨海新区	东北远郊区	西南远郊区
扬尘	31.7	29.3	30.9	29.1	28.5
燃煤	23.2	25.0	19.8	32.4	22.0
工业	15.6	23.4	23.9	17.8	24.1
机动车	17.8	16.0	16.8	14.1	13.3
其他	11.7	6.3	8.6	6.7	12.1
监测值	—	—	—	—	—

表 7-9　5 个区域采暖季 $PM_{2.5}$ 来源比较

源类	分担率 /%				
	中心城区	环城区	滨海新区	东北远郊区	西南远郊区
扬尘	19.4	18.0	19.2	16.8	18.6
燃煤	22.6	24.7	21.4	32.9	23.0
工业	17.3	22.6	25.7	17.0	25.7
机动车	24.3	22.2	22.8	18.6	16.7

源类	分担率 /%				
	中心城区	环城区	滨海新区	东北远郊区	西南远郊区
其他	16.3	12.5	10.8	14.7	16.1
监测值	—	—	—	—	—

（5）采暖季源解析结果对比。

将2011年、2014年、2016年采暖季（冬季）源解析结果进行对比，发现2016年采暖季与2011年、2014年相比，燃煤源和扬尘贡献有所降低，机动车贡献缓慢上升，工业源相对稳定，主要来源变化平缓（如图7-11和图7-12所示）。对比历史源解析结果，扬尘仍是PM_{10}的首要贡献源，贡献为32.3%～34.7%；扬尘对$PM_{2.5}$贡献低于燃煤、工业和机动车，居第四位，且近年来呈下降趋势。燃煤源是PM_{10}中第二大源，从2011年的30.4%降至2016年的24.2%，贡献呈现明显下降趋势；在$PM_{2.5}$中贡献变化幅度相对缓慢，仍为采暖季首要来源。机动车对PM_{10}的贡献为15.3%～16.2%，对$PM_{2.5}$的贡献为19.0%～22.3%，贡献稳中有升。工业生产已成为$PM_{2.5}$中仅次于燃煤的第二大贡献源，贡献相对稳定。

大气颗粒物治理成效显著，主要源类绝对贡献值下降明显。颗粒物主要源类的绝对贡献值下降明显，PM_{10}中燃煤、扬尘、机动车、工业生产贡献值分别从2014年的45.4 μg/m^3、53.0 μg/m^3、25.4 μg/m^{3}和27.5 μg/m^{3}降至2016年的23.4 μg/m^3、31.2 μg/m^3、15.6 μg/m^{3}和16.6 μg/m^3，降幅依次达到48.5%、41.1%、38.6%和39.6%。$PM_{2.5}$中燃煤、扬尘、机动车、工业生产贡献值分别从2014年的29.7 μg/m^3、20.1 μg/m^3、18.3 μg/m^{3}和21.2 μg/m^{3}降至2016年的18.6 μg/m^3、12.5 μg/m^3、14.8 μg/m^{3}和15.1 μg/m^3，降幅分别达到37.4%、37.8%、19.1%和28.8%。

燃煤控制成效显著，但散煤治理需高度重视。采暖期SO_2质量浓度下降明显，较2014年采暖期下降65.3%；颗粒物中SO_4^{2-}质量浓度和含量降幅均超过一半；固定源影响明显下降，SO_4^{2-}与NO_3^-质量浓度比值从2014年的1.5降低到2016年的0.8。燃煤源对$PM_{2.5}$和PM_{10}的贡献比2011年分别下降3.3个百分点和6.1个百分点。但东北远郊区的散煤污染仍十分严重，煤烟尘的贡献较高，对PM_{10}和$PM_{2.5}$的贡献分别为32.4%和32.9%。尤其是蓟州区SO_4^{2-}与NO_3^-质量浓度比值和OC含量明显偏高，受燃煤影响较大。

工业污染控制需进一步加强。2011年、2014年和2016年工业生产对PM_{10}的贡献为17.2%～17.6%，对$PM_{2.5}$的贡献为21.1%～22.1%，近几年贡献相对稳定。工业生产的贡献在PM_{10}中仅低于扬尘和燃煤，为贡献第三的源类，在$PM_{2.5}$中则仅次于燃煤，成为第二大贡献源类。

扬尘污染控制取得成效，但扬尘仍为主要贡献源类。地壳元素（Si、Al、Ca 等）含量明显下降。扬尘对颗粒物贡献逐年递减，但仍是 PM_{10} 的首要贡献源。其中，滨海新区和中心城区地壳元素含量明显高于其他区域，扬尘对 PM_{10} 的贡献均超过 30%，对 $PM_{2.5}$ 的贡献均超过 19%。扬尘仍有很大的可控空间。

机动车贡献稳中有升，多重措施难敌保有量基数增加。2011 年、2014 年和 2016 年机动车对 PM_{10} 贡献在 15.3% ～ 16.2% 之间，对 $PM_{2.5}$ 贡献在 19.0% ～ 22.3% 之间，稳中有升。

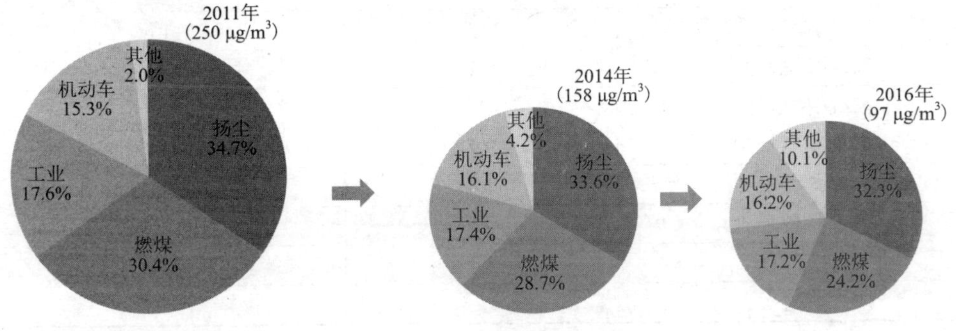

图 7-11　2011 年、2014 年和 2016 年采暖季 PM_{10} 源解析结果

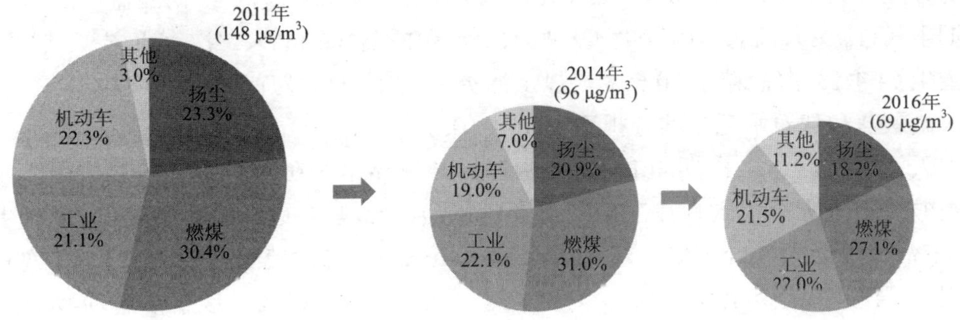

图 7-12　2011 年、2014 年和 2016 年采暖期 $PM_{2.5}$ 源解析结果

7.3.2.2 风沙季

（1）常规源解析结果。

应用CMB模型解析得到各一次源类和二次颗粒物对天津市风沙季PM_{10}、$PM_{2.5}$的贡献，如表7-10所示。

表7-10 天津市风沙季PM_{10}、$PM_{2.5}$来源模型解析结果 单位：%

源类	PM_{10}	$PM_{2.5}$
土壤尘	23.8	15.6
建筑水泥尘	12.9	11.2
煤烟尘	11.7	11.6
二次硫酸盐	6.1	8.6
二次硝酸盐	12.9	19.8
机动车尾气尘	9.7	13.4
冶金尘	1.4	2.3
海盐粒子	0.6	0.1
二次有机碳	3.4	5.4
其他	17.5	12.0

天津市风沙季采样期间PM_{10}的源解析结果显示，在参与拟合的源类中，各源类的分担率大小依次为土壤尘（23.8%）、建筑水泥尘（12.9%）、二次硝酸盐（12.9%）、煤烟尘（11.7%）、机动车尾气尘（9.7%）、二次硫酸盐（6.1%）、二次有机碳（3.4%）、冶金尘（1.4%）、海盐粒子（0.6%）。以上源类中，以土壤尘为首要贡献源类，煤烟尘、二次硝酸盐和建筑水泥尘的分担率均超过10%。

天津市风沙季采样期间$PM_{2.5}$的源解析结果显示，在参与拟合的源类中，各源类的分担率大小依次为二次硝酸盐（19.8%）、土壤尘（15.6%）、机动车尾气尘（13.4%）、煤烟尘（11.6%）、建筑水泥尘（11.2%）、二次硫酸盐（8.6%）、二次有机碳（5.4%）、冶金尘（2.3%）、海盐粒子（0.1%）。贡献源类以二次颗粒物以及土壤尘为主（分担率均超过15%），扬尘成为首要贡献源类。

（2）全市综合源解析结果。

扬尘是风沙季颗粒物来源的主要贡献者（如图7-13和图7-14所示）。解析结果表明：PM_{10}主要来源依次为扬尘（36.7%）、工业（19.2%）、机动车（18.3%）和燃煤（15.9%）。$PM_{2.5}$主要来源依次为扬尘（26.8%）、机动车（24.6%）、工业（21.1%）和燃煤（18.1%）。

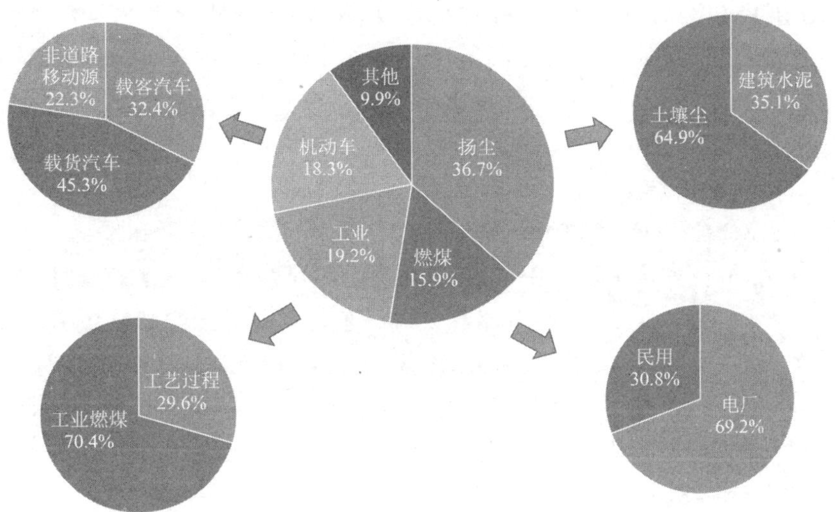

图 7-13　风沙季 PM_{10} 综合源解析和精细化源解析结果

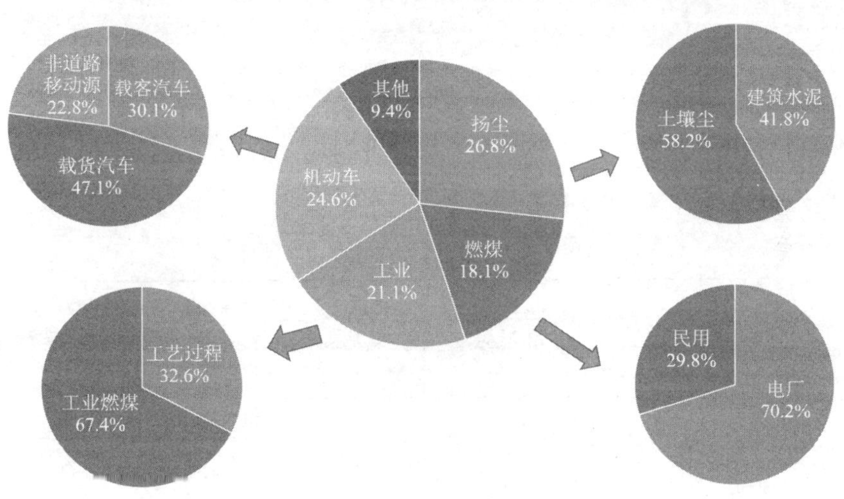

图 7-14　风沙季 $PM_{2.5}$ 综合源解析和精细化源解析结果

注：载客汽车包括微小型汽车、中型汽车和大型汽车。

（3）精细化源解析结果。

土壤尘是扬尘源的主要来源，对 PM_{10} 和 $PM_{2.5}$ 中扬尘源的贡献分别为 64.9%、58.2%；电厂对 PM_{10} 和 $PM_{2.5}$ 中燃煤源的贡献较大，分别为 69.2%、70.2%，电厂对

全市 PM_{10} 和 $PM_{2.5}$ 贡献达 11.0% 和 12.7%，质量浓度贡献分别在 5.5 ～ 14.1μg/m^3 和 3.5 ～ 12.3μg/m^3 之间，贡献较高区域集中在中心城区东部以及滨海新区中部；PM_{10} 和 $PM_{2.5}$ 的工业源中工业燃煤贡献率较大，分别为 70.4%、67.4%；载货汽车是机动车的主要贡献源。

（4）分区源解析结果。

5 个区域风沙季 PM_{10} 和 $PM_{2.5}$ 来源比较结果分别如表 7-11 和表 7-12 所示。

各区域源贡献差异明显。中心城区机动车和燃煤的影响显著，对 PM_{10} 的贡献均超过 18%，对 $PM_{2.5}$ 的贡献均超过 25%。东北远郊区扬尘和燃煤有较高贡献，其中扬尘对 PM_{10} 的贡献高达 40.7%，燃煤对 PM_{10} 和 $PM_{2.5}$ 贡献分别为 20.5% 和 24.2%。西南远郊区工业源贡献较高，对 $PM_{2.5}$ 贡献达 19.9%。滨海新区受到工业、港口船舶以及大货车的影响，工业源对 PM_{10} 和 $PM_{2.5}$ 贡献分别为 16.1% 和 19.3%，机动车对 PM_{10} 和 $PM_{2.5}$ 贡献分别为 18.8% 和 23.8%。

风沙季区域污染特征（如表 7-11 和表 7-12 所示）与采暖季类似，分区治理仍是重点。与采暖季相比，风沙季扬尘贡献均有不同程度上升，燃煤源贡献有所下降。但与采暖季相比，各区域特征源类无明显差异。东北远郊区生物质和燃煤贡献较为突出。西南远郊区主要受扬尘和“三小”工业源影响。中心城区二次组分贡献率明显高于其他地区，河东区大直沽八号路、南开区宾水西道、河西区前进道等点位尤为突出，应加强机动车、喷涂等综合管制。滨海新区工业源仍是治理重点，部分点位如第四大街、永明路等需加强扬尘管控。

表 7-11　5 个区域风沙季 PM_{10} 来源比较

源类	分担率 /%				
	中心城区	环城区	滨海新区	东北远郊区	西南远郊区
扬尘	34.6	36.2	35.9	40.7	38.2
燃煤	18.3	17.1	14.9	20.5	13.5
工业	10.3	14.7	16.1	11.0	13.9
机动车	18.6	15.2	18.8	14.7	12.4
其他	18.2	16.8	14.4	13.1	22.1
监测值	—	—	—	—	—

表 7-12　5 个区域风沙季 $PM_{2.5}$ 来源比较

源类	分担率 /%				
	中心城区	环城区	滨海新区	东北远郊区	西南远郊区
扬尘	25.9	24.7	26.0	26.1	31.4
燃煤	25.6	22.0	17.3	24.2	18.5
工业	14.8	19.5	19.3	14.2	19.9
机动车	26.3	20.6	23.8	19.9	20.4
其他	7.4	13.2	13.7	15.6	9.8
监测值	—	—	—	—	—

（5）风沙季源解析结果对比。

与 2011 年风沙季相比，2016 年风沙季的扬尘贡献明显降低，燃煤、工业和机动车的贡献有所增加（如图 7-15、图 7-16 所示）。

对比历史源解析结果，扬尘源仍是风沙季颗粒物的首要贡献源。对 PM_{10} 和 $PM_{2.5}$ 的贡献分别从 2011 年的 59.7% 和 46.0% 降低至 2016 年的 36.7% 和 26.8%，降幅明显。

燃煤源贡献呈上升的趋势。在 PM_{10} 中的贡献从 2011 年的 13.1% 增至 2016 年的 15.9%，在 $PM_{2.5}$ 中的贡献从 16.3% 增至 18.1%，贡献呈上升趋势。

机动车贡献稳中有升。2016 年对 PM_{10} 和 $PM_{2.5}$ 的贡献分别为 18.3% 和 24.6%，比 2011 年分别上升 6.8 个百分点和 5.6 个百分点，是 $PM_{2.5}$ 第二大贡献源。

工业生产是第三大贡献源，贡献率逐渐升高。2016 年工业源对 PM_{10} 和 $PM_{2.5}$ 的贡献分别为 19.2% 和 21.1%，比 2011 年分别上升 5.0 个百分点和 4.0 个百分点。

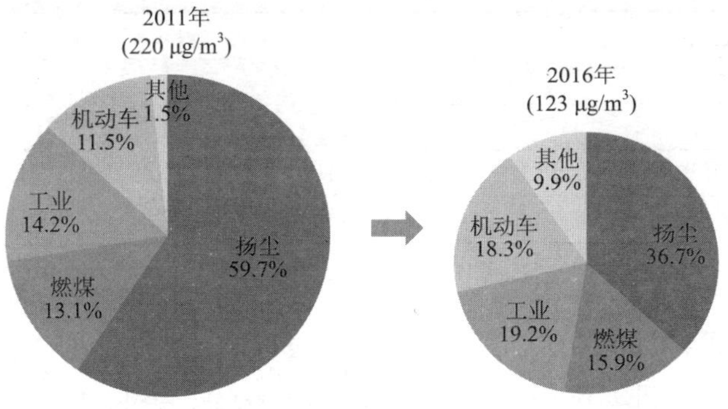

图 7-15　2011 年和 2016 年风沙期 PM_{10} 源解析结果

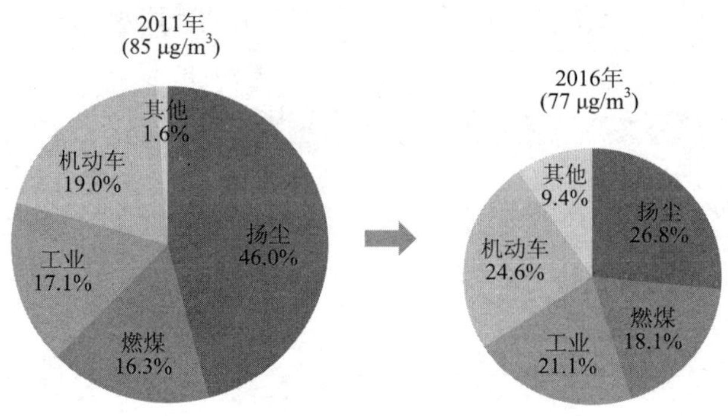

图 7-16　2011 年和 2016 年风沙期 $PM_{2.5}$ 源解析结果

7.3.2.3　夏季

（1）常规源解析结果。

应用 CMB 模型解析得到各一次源类和二次颗粒物对天津市夏季 PM_{10}、$PM_{2.5}$ 的贡献，如表 7-13 所示。

表 7-13　天津市夏季 PM_{10}、$PM_{2.5}$ 来源模型解析结果　　单位：%

源类	PM_{10}	$PM_{2.5}$
土壤尘	14.4	7.0
建筑水泥尘	15.3	9.3
煤烟尘	9.8	12.6
二次硫酸盐	9.7	12.7
二次硝酸盐	10.3	13.9
机动车尾气尘	16.1	19.7
冶金尘	7.5	6.4
海盐粒子	1.4	0.2
二次有机碳	5.0	7.0
其他	10.5	11.2

天津市夏季采样期间 PM_{10} 的源解析结果显示，在参与拟合的源类中，各源类的分担率大小依次为机动车尾气尘（16.1%）、建筑水泥尘（15.3%）、土壤尘（14.4%）、二次硝酸盐（10.3%）、煤烟尘（9.8%）、二次硫酸盐（9.7%）、冶金尘（7.5%）、二次有机碳（5.0%）、海盐粒子（1.4%）。

天津市夏季采样期间 $PM_{2.5}$ 的源解析结果显示，在参与拟合的源类中，各源类的分担率大小依次为机动车尾气尘（19.7%）、二次硝酸盐（13.9%）、二次硫酸盐（12.7%）、煤烟尘（12.6%）、建筑水泥尘（9.3%）、土壤尘（7.0%）、二次有机碳（7.0%）、冶金尘（6.4%）、海盐粒子（0.2%）。贡献源类以机动车尾气尘以及二次颗粒物为主。

（2）全市综合源解析结果。

扬尘、机动车分别是夏季 PM_{10}、$PM_{2.5}$ 来源的主要贡献者（如图 7-17 和图 7-18 所示）。天津市夏季 PM_{10} 主要来源及贡献依次为扬尘（29.7%）、机动车（24.5%）、工业（18.3%）和燃煤（15.9%）。$PM_{2.5}$ 主要来源及贡献依次为机动车（29.5%）、工业（24.2%）、燃煤（20.8%）和扬尘（16.3%）。

（3）精细化源解析结果。

对天津市夏季 PM_{10} 和 $PM_{2.5}$ 来说，扬尘源中土壤尘和建筑水泥贡献相当；电厂对 PM_{10} 和 $PM_{2.5}$ 中燃煤源的贡献较大，分别为 74.4%、73.4%；载货汽车是 PM_{10} 和 $PM_{2.5}$ 中机动车源的主要贡献者，贡献率均为 49.7%；PM_{10} 和 $PM_{2.5}$ 的工业源中工业燃煤贡献率较大，分别为 52.4%、57.8%。

（4）分区源解析结果。

5 个区域夏季 PM_{10} 和 $PM_{2.5}$ 来源比较结果分别如表 7-14 和表 7-15 所示。

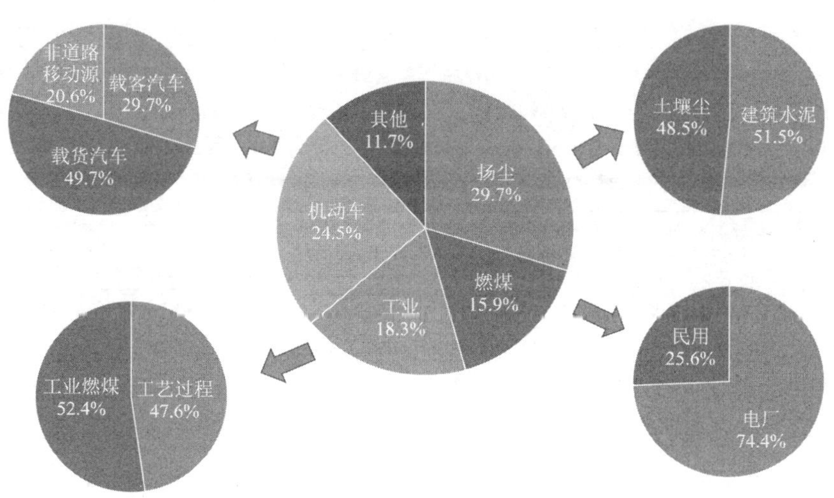

图 7-17　夏季 PM_{10} 综合源解析和精细化源解析结果

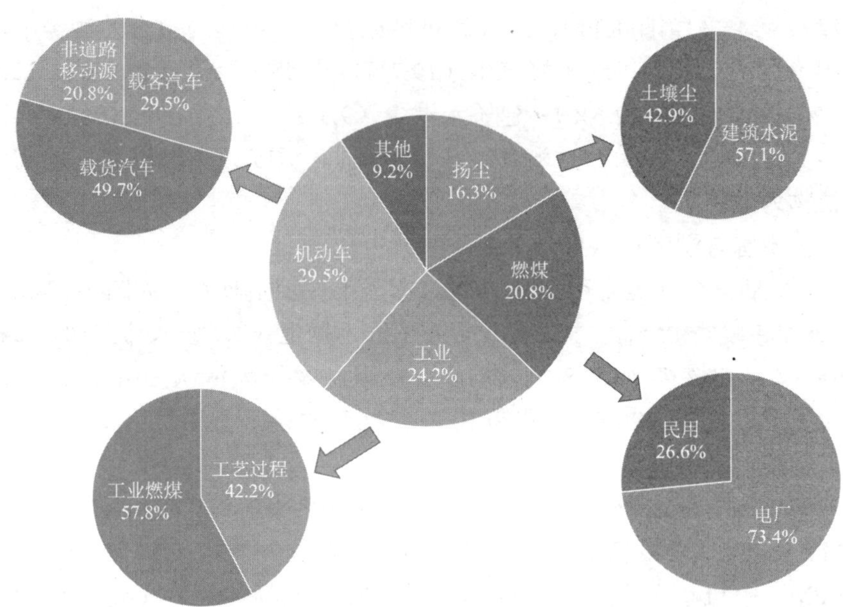

图 7-18　夏季 $PM_{2.5}$ 综合源解析和精细化源解析结果

注：载客汽车包括微小型汽车、中型汽车和大型汽车。

中心城区和环城区机动车污染排放的影响较大，远高于其他区域，对 PM_{10} 贡献高于 25%，对 $PM_{2.5}$ 贡献高于 30%。东北远郊区和西南远郊区受扬尘影响较大，扬尘对 PM_{10} 贡献分别达 30.9% 和 30.7%，而且燃煤对东北远郊区的 $PM_{2.5}$ 贡献仍高于其他区域，为 23.4%。滨海新区的工业源仍是治理重点。

表 7-14　5 个区域夏季 PM_{10} 来源比较

源类	分担率 /%				
	中心城区	环城区	滨海新区	东北远郊区	西南远郊区
扬尘	29.9	28.1	27.8	30.9	30.7
燃煤	15.9	16.1	16.9	16.1	15.7
工业	17.5	18.5	18.6	16.6	17.8
机动车	25.0	25.1	23.9	23.6	23.2
其他	11.7	12.2	12.8	12.7	12.6
监测值	—	—	—	—	—

表 7-15　5 个区域夏季 $PM_{2.5}$ 来源比较

源类	分担率 /%				
	中心城区	环城区	滨海新区	东北远郊区	西南远郊区
扬尘	20.3	16.1	22.0	14.5	20.5
燃煤	17.5	21.8	22.2	23.4	20.8
工业	20.6	24.3	24.9	22.8	24.4
机动车	30.8	30.0	25.6	29.7	26.4
其他	10.8	7.8	5.3	9.6	7.9
监测值	—	—	—	—	—

7.3.2.4　秋季

（1）常规源解析结果。

应用 CMB 模型解析得到各一次源类和二次颗粒物对天津市秋季 PM_{10}、$PM_{2.5}$ 的贡献，如表 7-16 所示。

表 7-16　天津市秋季 PM_{10}、$PM_{2.5}$ 来源模型解析结果　单位：%

源类	PM_{10}	$PM_{2.5}$
土壤尘	16.2	9.0
建筑水泥尘	12.7	8.4
煤烟尘	9.7	11.8
二次硫酸盐	10.2	10.8
二次硝酸盐	18.8	22.9
机动车尾气尘	11.3	15.4
冶金尘	1.8	1.5
海盐粒子	0.6	1.9
二次有机碳	7.4	9.8
其他	11.2	8.5

天津市秋季采样期间 PM_{10} 的源解析结果显示，在参与拟合的源类中，各源类的分担率大小依次为二次硝酸盐（18.8%）、土壤尘（16.2%）、建筑水泥尘（12.7%）、机动车尾气尘（11.3%）、二次硫酸盐（10.2%）、煤烟尘（9.7%）、二次有机碳（7.4%）、冶金尘（1.8%）、海盐粒子（0.6%）。

天津市秋季采样期间 $PM_{2.5}$ 的源解析结果显示，在参与拟合的源类中，各源类的分担率大小依次为二次硝酸盐（22.9%）、机动车尾气尘（15.4%）、煤烟尘（11.8%）、二次硫酸盐（10.8%）、二次有机碳（9.8%）、土壤尘（9.0%）、建筑水泥尘（8.4%）、海盐粒子（1.9%）、冶金尘（1.5%）。贡献源类以机动车尾气尘以及二次颗粒物为主。

（2）全市综合源解析结果。

扬尘、机动车分别是秋季 PM_{10}、$PM_{2.5}$ 来源的主要贡献者（如图 7-19、图 7-20 所示）。天津市秋季 PM_{10} 主要来源及贡献依次为扬尘（28.9%）、机动车（23.0%）、工业（19.8%）、燃煤（19.4%）。$PM_{2.5}$ 主要来源依次为机动车（29.6%）、工业（23.6%）、燃煤（23.3%）、扬尘（17.4%）。

（3）精细化源解析结果。

对天津市秋季 PM_{10} 和 $PM_{2.5}$ 来说，扬尘源中土壤尘和建筑水泥贡献相当；电厂对 PM_{10} 和 $PM_{2.5}$ 中燃煤源的贡献较大，分别为 74.4%、80.4%；载货汽车是 PM_{10} 和 $PM_{2.5}$ 中机动车源的主要贡献者，贡献率分别为 48.9%、49.3%；PM_{10} 和 $PM_{2.5}$ 的工业源中工业燃煤贡献率较大，分别为 52.3%、65.5%。

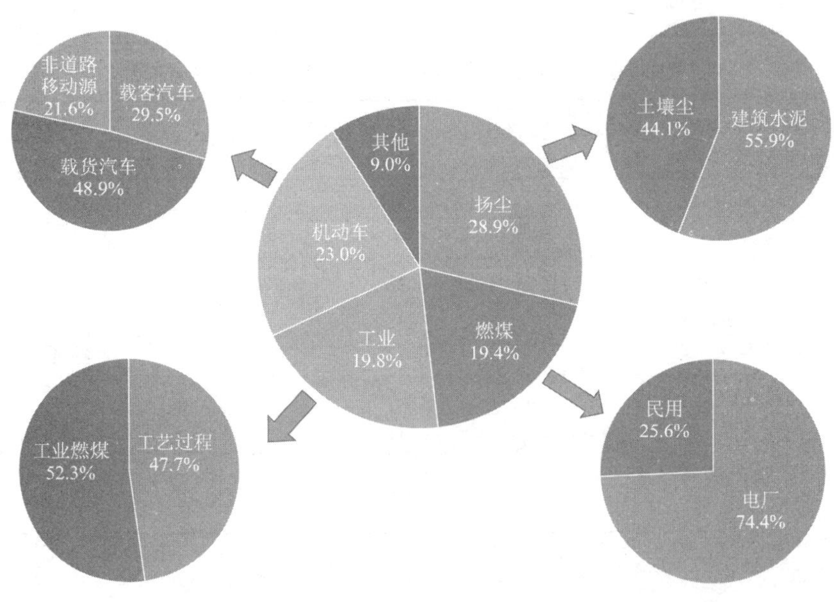

图 7-19 秋季 PM_{10} 综合源解析和精细化源解析结果

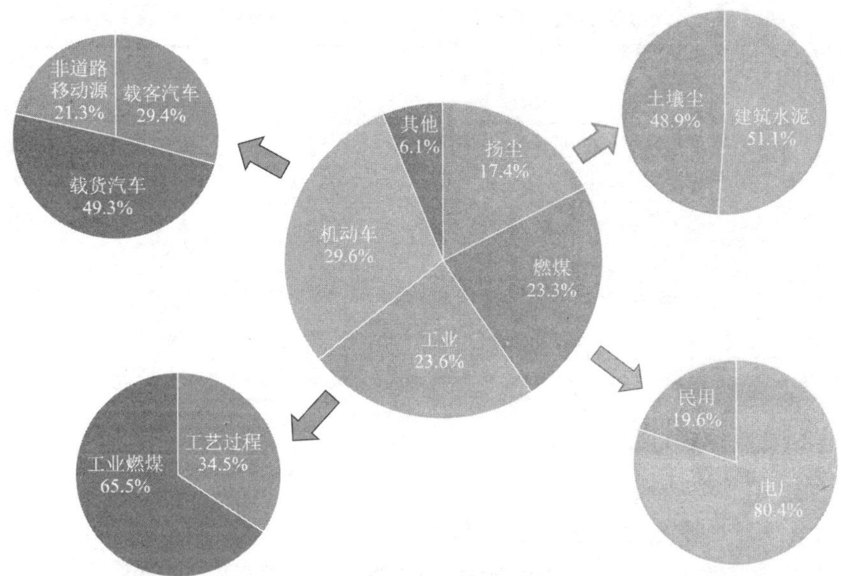

图 7-20　秋季 $PM_{2.5}$ 综合源解析和精细化源解析结果

注：载客汽车包括微小型汽车、中型汽车和大型汽车。

（4）分区源解析结果。

5 个区域秋季 PM_{10} 和 $PM_{2.5}$ 来源比较结果分别如表 7-17 和表 7-18 所示。

各区域中，中心城区和环城区的机动车贡献较为突出，对 PM_{10} 贡献分别为 23.7% 和 22.9%，对 $PM_{2.5}$ 贡献分别为 28.9% 和 30.0%；东北远郊区燃煤贡献明显增加，对 $PM_{2.5}$ 的贡献为 22.9%；滨海新区受扬尘源和工业源影响最大，但秋季整体各区域的扬尘贡献都呈降低趋势；西南远郊区仍受“三小”工业源影响。

表 7-17　5 个区域秋季 PM_{10} 来源比较

源类	分担率 /%				
	中心城区	环城区	滨海新区	东北远郊区	西南远郊区
扬尘	29.2	29.5	30.2	28.8	26.8
燃煤	19.1	19.8	18.8	19.8	17.8
工业	19.2	19.9	22.5	19.3	21.0
机动车	23.7	22.9	21.0	21.1	20.8
其他	8.8	7.9	7.5	10.9	13.6
监测值	—	—	—	—	—

表 7-18 5 个区域秋季 $PM_{2.5}$ 来源比较

源类	分担率 /%				
	中心城区	环城区	滨海新区	东北远郊区	西南远郊区
扬尘	16.6	14.6	20.5	17.6	16.5
燃煤	22.4	24.6	22.3	22.9	22.4
工业	20.4	24.1	26.5	22.6	25.9
机动车	28.9	30.0	22.0	24.8	24.2
其他	11.8	6.7	8.7	12.1	11.0
监测值	—	—	—	—	—

（5）秋季源解析结果对比。

与 2011 年秋季相比，2016 年秋季的扬尘、工业贡献明显降低，燃煤稳中有降，机动车的贡献增加明显（如图 7-21、图 7-22 所示）。

对比历史源解析结果，扬尘污染控制取得成效。扬尘源对 PM_{10} 和 $PM_{2.5}$ 的贡献分别从 2011 年的 33.8% 和 26.6% 降低至 2016 年的 28.9% 和 17.4%，降幅明显。

燃煤源贡献稳中有升。在 $PM_{2.5}$ 中的贡献从 2011 年的 22.2% 增至 2016 年的 23.3%，贡献呈上升趋势。

机动车贡献增加明显。2011 年对 PM_{10} 和 $PM_{2.5}$ 的贡献分别为 12.9% 和 17.2%，2016 年对 PM_{10} 和 $PM_{2.5}$ 的贡献分别为 23.0% 和 29.6%，比 2011 年分别上升 10.1 个百分点和 12.4 个百分点，是 2016 年 $PM_{2.5}$ 首要贡献源。

工业生产是第三大贡献源，贡献率逐渐降低。2016 年工业源对 PM_{10} 和 $PM_{2.5}$ 的贡献分别为 19.8% 和 23.6%，比 2011 年分别下降 5.8 个百分点和 9.9 个百分点。

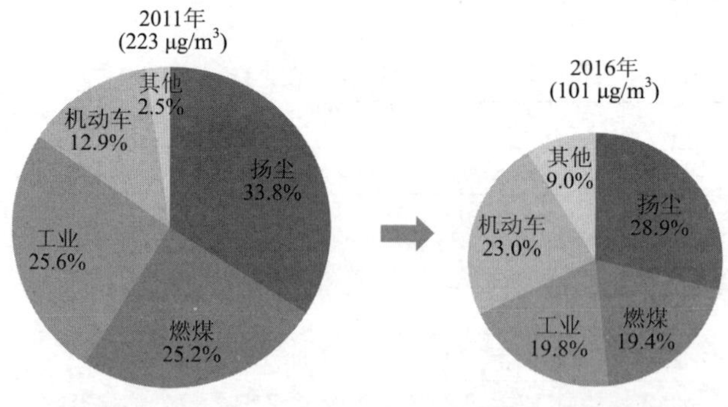

图 7-21 2011 年和 2016 年秋季 PM_{10} 源解析结果

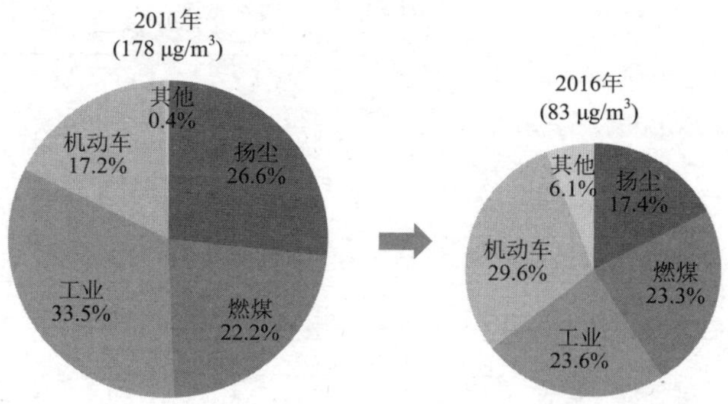

图 7-22 2011 年和 2016 年秋季 $PM_{2.5}$ 源解析结果

7.4 小尺度精细化源解析（以天津某区为例）

7.4.1 区域概况

该区域是天津市 6 个中心城区之一，地处天津市区东北部，区域面积 29.62 km^2，南北长 6.94 km，东西宽 7.95 km。辖区常住人口 29.24 万人（2016 年）。区域内工业规模较为雄厚，被列为具有先进技术的综合性工业区，主要有冶金、机械、纺织、印染、化工、医药、电子、轻工、食品、建材、电力等门类，涉及 40 多个行业。该区域是天津市重要工业大区。

7.4.2 空气质量分析

（1）质量浓度变化。

2017 年，该区空气质量综合指数为 6.73，环境空气质量达标 194 天，重污染 30 天。自《环境空气质量标准》（GB 3095—2012）实施以来，该区整体大气污染状况持续改善（如表 7-19 所示），空气质量综合指数由 2013 年的 8.96 下降至 2017 年的 6.73，降幅达到 24.9%。从 6 项主要污染物质量浓度来看，2013—2017 年，$PM_{2.5}$、PM_{10}、SO_2、CO 质量浓度总体下降，NO_2 质量浓度呈波动变化，O_3 质量浓度总体上升。与 2013 年相比，2017 年 $PM_{2.5}$、PM_{10}、SO_2 和 CO 质量浓度分别下降 38.4%、42.1%、66.7% 和 27.0%，O_3 和 NO_2 质量浓度分别上升 75.0% 和 8.2%。可见，该区空气质量虽有明显改善，但 NO_2、O_3 和 PM_{10} 污染问题突出。

表 7-19 天津某区 2013—2017 年主要污染物质量浓度及空气质量综合指数

年份＼污染物	$PM_{2.5}$ 质量浓度 /(μg/m³)	PM_{10} 质量浓度 /(μg/m³)	SO_2 质量浓度 /(μg/m³)	NO_2 质量浓度 /(μg/m³)	CO 质量浓度 /(mg/m³)	O_3 质量浓度 /(μg/m³)	空气质量综合指数
2013 年	99	171	48	49	3.7	120	8.96
2014 年	84	139	53	54	3.4	187	8.64
2015 年	74	122	31	44	3.7	146	7.30
2016 年	76	105	25	49	3.2	167	7.15
2017 年	61	99	16	53	2.7	210	6.73
变化幅度 /%	−38.4	−42.1	−66.7	+8.2	−27.0	+75.0	−24.9

（2）综合指数。

2013—2017 年该区 6 项污染物对综合指数的贡献如图 7-23 所示。

2013—2017 年，该区颗粒物对综合指数的贡献由 2013 年的 58.7% 下降至 2017 年的 46.8% 左右（其中 $PM_{2.5}$ 贡献为 25.8% ～ 31.5%，PM_{10} 贡献为 21.0% ～ 27.2%），约为综合指数的一半；NO_2 和 O_3 贡献次之且逐年抬升，分别由 2013 年的 13.7% 和 8.4% 上升至 2017 年的 19.6% 和 19.5%，升幅显著。CO 贡献基本稳定在 10% 左右，2015 年和 2016 年略有上升，分别达到 12.6% 和 11.2%；SO_2 贡献明显下降，由 2013 年的 8.9% 下降至 2017 年的 4.0%。

各项污染物对综合指数贡献的年度变化趋势表明，$PM_{2.5}$ 和 PM_{10} 一直是影响该区空气质量的重要污染指标，年际变化较为稳定，仅 2014 年和 2017 年 $PM_{2.5}$ 贡献出现两次较大幅度下降；NO_2 和 O_3 对空气质量的影响日渐显现，随着颗粒物污染治理的逐渐深入，机动车排放对 NO_2 的影响以及夏季光化学污染问题应引起新的关注；2013 年以来 SO_2 对空气质量的影响明显下降，说明近两年采取的系列“煤改燃”和其他控煤措施取得明显成效，但 CO 影响变化不大，可能与机动车排放以及仍存在部分散煤燃烧有一定关系。

综上所述，2013—2017 年该区空气质量逐年改善，空气质量综合污染程度减轻。但在空气质量一定程度好转的同时，大气污染特征发生明显变化，空气污染形势面临巨大挑战。主要体现在：① $PM_{2.5}$ 和 PM_{10} 质量浓度虽然明显改善，但二者对空气质量综合指数的贡献仍接近一半，是影响空气质量的重要污染指标。② O_3 质量浓度显著上升，对空气质量综合指数的贡献逐年加大，成为首要污染物的天数逐年增多，2017 年对综合指数的贡献接近 1/5，已超过 $PM_{2.5}$ 成为全年分布最多的首要污染物指标，光化学污染问题较为突出。③ NO_2 质量浓度年际间波动较大，

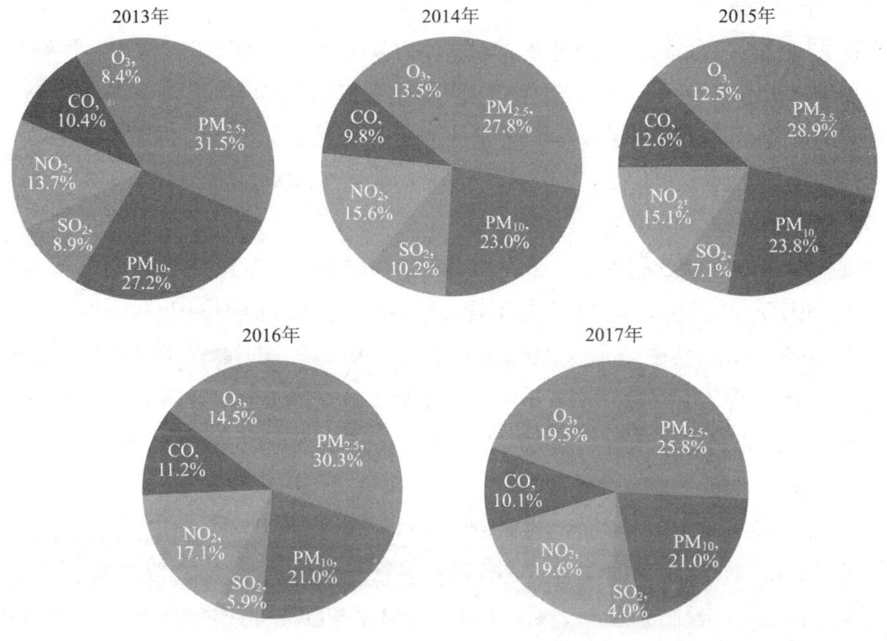

图 7-23　2013—2017 年某区 6 项污染物对综合指数的贡献

对综合指数的贡献和成为首要污染物的天数明显增加，机动车等流动源影响日益显现。

7.4.3　污染源调查

对全区范围内涉气污染源逐个进行摸排调查。涉及的污染源类别主要包括固定燃烧源（企业锅炉、居民取暖散烧）、工业企业（工艺过程源、工业溶剂使用源）、道路移动源、非道路移动源（施工机械）、扬尘源（工地、道路、堆场、土壤）、溶剂使用源（居民溶剂、干洗店、汽修店）、存储运输源（加油站）、餐饮源（社会餐饮、居民餐饮）、天然源等 9 大类。

共调查污染源 13 432 个，其中有固定燃烧源 21 处，燃气锅炉 83 台；居民散煤 11 596 户，商铺散煤 1 户；工业企业 7 家（工艺过程源 5 家，溶剂使用源 2 家）；道路 251 条，总长度为 188.6 km；施工工地 29 块、裸地 30 块、堆场 3 块、坑塘 9 块；社会餐饮源、餐馆 1 264 个；街区 10 个，含 268 327 户居民；其他污染源包括居民溶剂、汽修店 115 家、加油站 15 座、干洗店 31 家。

（1）燃气锅炉。

本次调查涉及的燃气锅炉是指居民供暖燃气锅炉和宾馆等商用燃气锅炉。全区共有锅炉 21 家 58 台，均为燃气供暖锅炉。年燃气总用量为 17 268 万 m^3。烟筒高度 40 m 以上的有 14 台，40 m 以下的有 44 台。年排放 $PM_{2.5}$、PM_{10}、NO_x、CO、VOCs 的量分别为 4.32 t、4.32 t、707.99 t、224.48 t 和 3.45 t。

（2）散煤。

散煤主要指居民取暖用煤（居民散煤）和商铺生产用煤（商铺散煤）。全区散煤用户 11 597 户，其中，居民散煤用户 11 596 户，商铺散煤用户 1 户。全区散煤用量为 17 395.2 t/a，其中，居民散煤用量为 17 394 t/a，商铺散煤用量为 1.2 t/a。全区散煤污染物年排放量为：$PM_{2.5}$ 24.35 t、PM_{10} 38.27 t、SO_2 42.62 t、NO_x 19.14 t、CO 1 215.92 t、VOCs 31.31 t、BC 0.21 t、OC 4.25 t。

（3）工业企业。

工业生产指工业生产和加工过程中，以对工业原料进行物理或化学转化为目的的工业活动。对本区域内工业企业进行逐个走访调查，共覆盖 7 家企业，工业生产过程中涉及污染排放的为 7 家。$PM_{2.5}$、PM_{10}、VOCs 的年排放量分别为 0.025 t、0.037 t、0.004 t。

（4）扬尘源。

本次调查涉及的扬尘源包括土壤、道路、施工以及堆场污染源。纳入统计的道路共 251 条，道路总长度为 188.6 km；纳入统计的工地共 29 个，面积共计 88.85 万 m^2，其中，基础建设 5 个，主体建设 9 个，装修与配套建设 14 个，1 个未开工；纳入统计的裸地共计 30 块，面积总计 240.69 万 m^2，其中，超过 1 万 m^2 的共 6 块，5 000 ～ 10 000 m^2 的 7 块，1 000 ～ 5 000 m^2 的 13 块。

道路扬尘年排放 $PM_{2.5}$、PM_{10}、BC、OC 分别为 61.79 t、213.10 t、1.24 t、1.29 t；施工扬尘年排放 $PM_{2.5}$、PM_{10}、BC、OC 分别为 38.25 t、187.43 t、1.03 t、1.45 t；土壤扬尘年排放 $PM_{2.5}$、PM_{10}、BC、OC 分别为 2.09 t、8.29 t、0.14 t、0.021 t；堆场扬尘年排放 $PM_{2.5}$、PM_{10}、BC、OC 分别为 0.010 t、0.030 t、0.002 t、0.003 t。

（5）道路移动源。

机动车污染是指行驶的交通运输设备动力燃料燃烧产生的排放，主要包括道路机动车和非道路机动车，其中，道路机动车包括出租车、小型客车、公交车、中型客车、大型客车、小型货车、中型货车、大型货车、三轮车和摩托车等车辆；非道路机动车主要指的是施工机械。

纳入统计的道路共 251 条，道路总长度为 188.6 km。其中，道路车流量最大的是小型客车（75.18%）和出租车（18.79%）。$PM_{2.5}$、PM_{10}、SO_2、NO_x、CO、VOCs、NH_3、BC、OC 的年排放量依次为 29.18 t、31.88 t、1.73 t、1 010.60 t、1 728.63 t、137.21 t、32.22 t、4.93 t 和 8.78 t。

（6）非道路移动源。

调查中的非道路移动源主要涉及工业企业生产过程中用到的非道路机械（企业运输机械）、工地施工过程中用到的非道路机械（工程机械）。本次调查非道路移动机械共耗油 35.62 t。施工机械在点位周边 1 km 内有 2 处，在 1 ～ 2 km 有 11 处，2 km 之外有 16 处。

该区施工机械 $PM_{2.5}$、PM_{10}、SO_2、NO_x、CO、VOCs、BC、OC 的年排放量分别为 0.070 t、0.090 t、0.010 t、1.170 t、0.380 t、0.120 t、0.040 t、0.020 t。

（7）溶剂使用源。

有机溶剂使用源泛指有机溶剂使用过程中，由于溶剂的挥发、泄漏而导致 VOCs 排放的源类。本次调查中的溶剂使用源主要涉及工业企业、干洗店、汽修企业及居民日常生活中有机溶剂的使用。

本次工业源调查主要采取逐片排查的方式开展，对区域内工业企业进行逐个走访调查，共覆盖 7 家企业，实际计算 7 家，涉及溶剂使用的企业有 2 家；干洗店 31 家，全部使用全封闭式干洗机；涉及的汽修企业 115 家；该区共有街区 10 个，涵盖居民社区共 404 个，纳入统计的居民户数为 268 327 户。

该区居民生活溶剂使用年排放 VOCs 为 34.08 t。

（8）存储运输源。

存储运输源是指石油产品（汽油、柴油和有机液体溶剂）在存储、装卸和运输过程中的蒸发和泄漏 VOCs 的排放源，是 VOCs 排放的另一重要来源。本次调查的存储运输源主要包括加油站。纳入本次统计的加油站共 15 座。年排放 VOCs 的量为 3.21 t。

（9）餐饮源。

本次调查中的餐馆污染源主要涉及餐馆油烟，包括餐馆生物质、天然气、煤气、燃料油等燃料的使用，还有居民餐饮在内。调查餐馆 1 264 个。餐馆 $PM_{2.5}$ 年排放量为 24.03 t，主要是餐馆油烟；PM_{10} 排放量为 30.04 t，主要是餐馆油烟；VOCs 的排放量为 21.02 t，主要是油烟的排放；BC 的排放量为 0.49 t，主要是餐馆油烟；OC 的排放量为 16.82 t，主要是餐馆油烟。居民餐饮 $PM_{2.5}$、PM_{10}、VOCs、BC 和 OC 年排放量分别为 24.69 t、30.86 t、21.64 t、0.50 t 和 17.28 t。

（10）其他污染源。

其他污染源主要是指天然源、坑塘。纳入统计的坑塘共 9 处，面积为 84.78 万 m^2，超过 1 万 m^2 的共 2 处，5 000 ～ 10 000 m^2 的 5 处，1 000 ～ 5 000 m^2 的 2 处。

根据清单调查核算（如表 7-20 所示），天津某区全年排放总量为：$PM_{2.5}$ 208.87 t、PM_{10} 544.45 t、SO_2 44.40 t、NO_x 1 738.98 t、CO 3 170.06 t、VOCs 273.70 t、NH_3 32.35 t、BC 8.59 t、OC 49.95 t。

表 7-20　天津市某区全年污染源排放清单　　单位：t

排放源类别 \ 污染物		$PM_{2.5}$	PM_{10}	SO_2	NO_x	CO	VOCs	NH_3	BC	OC
固定燃烧源	电力部门									
	供暖部门	4.32	4.32		707.99	224.48	3.45			
	工业生产部门									
	民用燃烧部门	24.35	38.27	42.62	19.14	1 215.92	31.31		0.21	4.25
	合计	28.67	42.59	42.62	727.13	1 440.40	34.76		0.21	4.25
工艺过程源	其他制造业	0.005	0.007				0.004			
	有色金属冶炼和压延加工业	0.020	0.030							
	造纸和纸制品业									
	印刷									
	合计	0.025	0.037				0.004			
扬尘源	土壤扬尘	2.09	8.29						0.14	0.021
	道路扬尘	61.79	213.10						1.24	1.29
	施工扬尘	38.25	187.43						1.03	1.45
	堆场扬尘	0.010	0.030						0.002	0.003
	合计	102.14	408.85						2.41	2.76
道路移动源		29.18	31.88	1.73	1 010.60	1 728.63	137.21	32.22	4.93	8.78
非道路移动源		0.070	0.090	0.010	1.170	0.380	0.120		0.040	0.020
溶剂使用源	生活溶剂使用						34.08			
	企业溶剂使用						0.000 4			
	合计						34.08			

排放源类别 \ 污染物		$PM_{2.5}$	PM_{10}	SO_2	NO_x	CO	VOCs	NH_3	BC	OC
存储运输源	汽油						3.20			
	柴油						0.010			
	有机储罐									
	合计						3.21			
餐饮源	居民餐饮	24.69	30.86				21.64		0.50	17.28
	社会餐饮	24.03	30.04				21.02		0.49	16.82
	合计	48.72	60.90				42.66		0.99	34.10
生物质燃烧	商铺燃烧	0.060	0.100	0.040	0.080	0.650	0.130	0.130	0.010	0.040
	露天焚烧									
	森林火灾									
	合计	0.060	0.100	0.040	0.080	0.650	0.130	0.130	0.010	0.040
天然源							21.53			
农业源										
废弃物处理源										
总计		208.87	544.45	44.40	1 738.98	3 170.06	273.70	32.35	8.59	49.95

7.4.4　精细化源类影响评估

根据全区范围内污染源实地调研情况，利用空气质量评估模型对固定燃烧源、工艺过程源、扬尘源、道路移动源、餐饮排放源等典型源类进行总体评估，得出各类污染源对该区 2017 年空气质量的贡献如下。

（1）各主要源类对该区全年 $PM_{2.5}$ 质量浓度的贡献从高到低依次为扬尘源、移动源、餐饮源和固定燃烧源，贡献质量浓度分别为 13.81 $\mu g/m^3$、12.85 $\mu g/m^3$、9.02 $\mu g/m^3$ 和 8.18 $\mu g/m^3$，贡献比例分别为 22.64%、21.07%、14.79% 和 13.41%（如图 7-24 所示）。其中，扬尘源以道路扬尘和施工扬尘贡献为主，分别占扬尘源的 72.13% 和 25.34%，裸地扬尘和堆场扬尘排放量及对 $PM_{2.5}$ 质量浓度的贡献较小；移动源主要受到道路机动车的影响，移动源是对 $PM_{2.5}$ 质量浓度贡献最大的源类之一；餐饮源中社会餐饮和居民餐饮贡献相当，社会餐饮略高于居民餐饮；固定燃烧源中散煤燃烧对 $PM_{2.5}$ 质量浓度的贡献明显高于燃气锅炉，是燃气锅炉贡献的 7 倍左右（如图 7-25 所示）。

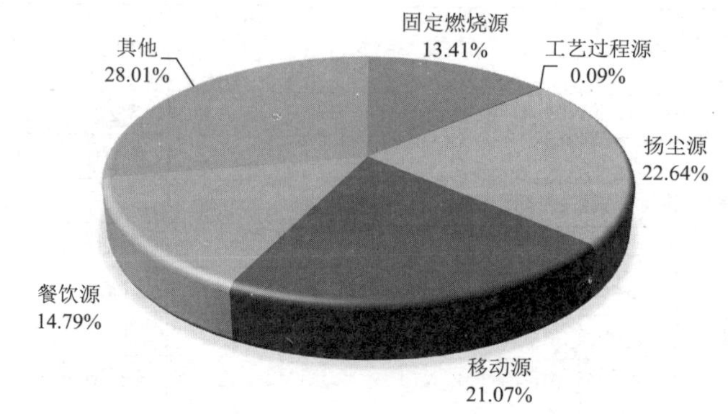

图 7-24 天津某区全年 $PM_{2.5}$ 来源解析

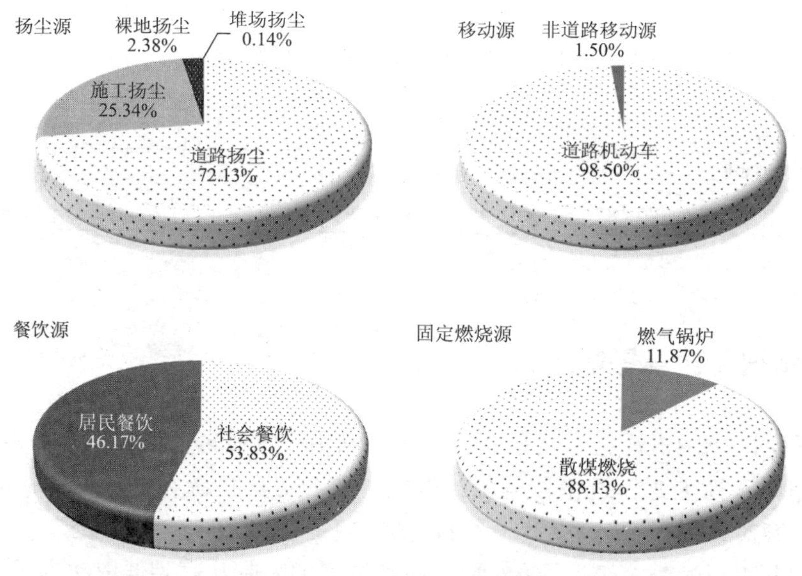

图 7-25 天津某区全年 $PM_{2.5}$ 主要贡献源类构成

（2）扬尘源是该区 PM_{10} 的最主要来源（如图 7-26 所示），对全年 PM_{10} 质量度的贡献高达 35.22 μg/m^3，贡献比例超过 35%；其次是移动源、餐饮源和固定燃烧源，对全年 PM_{10} 质量浓度贡献分别为 15.24 μg/m^3、11.64 μg/m^3 和 11.39 μg/m^3。各源类构成与 $PM_{2.5}$ 基本类似（如图 7-27 所示），扬尘源贡献主要为道路扬尘和施工扬尘，分别占扬尘源的 58.53% 和 37.83%；移动源贡献主要集中于道路机动车，非道路移动源对 PM_{10} 贡献较小；餐饮源中社会餐饮贡献（53.95%）略高于居民餐饮（46.05%）；固定燃烧源中散煤燃烧对 PM_{10} 的贡献超过 90%。

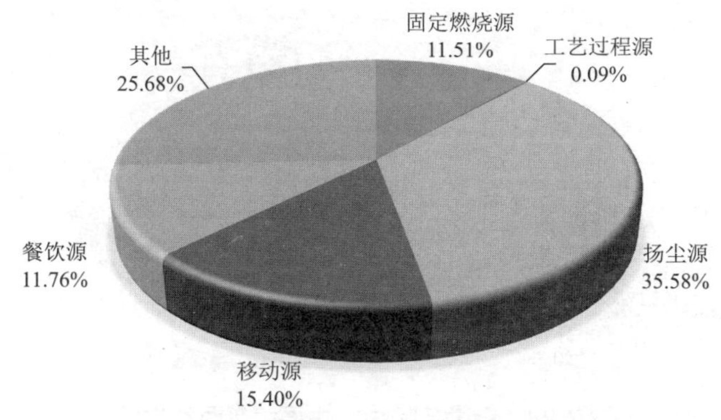

图 7-26　天津某区全年 PM_{10} 来源解析

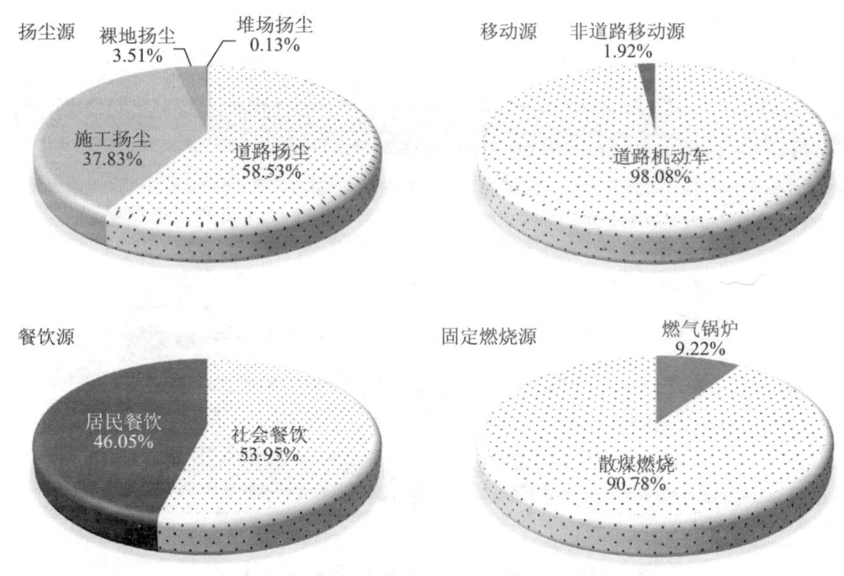

图 7-27　天津某区全年 PM_{10} 主要贡献源类构成

（3）散煤燃烧和机动车排放是该区大气环境中 SO_2 的主要来源（如图 7-28 所示）。特别是散煤燃烧源，对全年 SO_2 质量浓度的贡献为 8.58 μg/m^3，贡献率高达 53.63%；道路机动车对 SO_2 的质量浓度贡献仅为 1.68 μg/m^3，贡献率为 10.48%。秋冬季重污染天气条件下，散煤燃烧对该区 SO_2 质量浓度的贡献较全年显著上升，贡献率可达 62.70%。

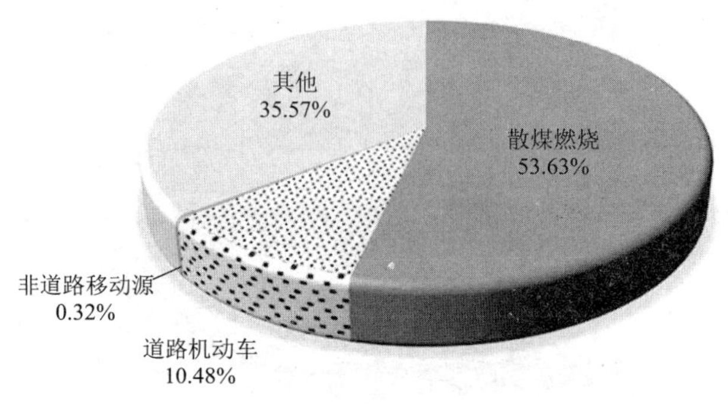

图 7-28 天津某区 SO_2 主要贡献源类构成

（4）对该区全年 NO_2 质量浓度贡献较大的源类主要为道路机动车、燃气锅炉和散煤燃烧（如图 7-29 所示），贡献浓度分别为 23.28 μg/m^3、11.74 μg/m^3 和 4.02 μg/m^3，贡献比例分别为 43.92%、22.15% 和 7.59%。重污染天气发生时，受冬季供热锅炉集中运行和散煤燃烧取暖等影响，燃气锅炉和散煤燃烧对 NO_2 质量浓度的贡献率均较全年明显上升，机动车贡献率略有下降。

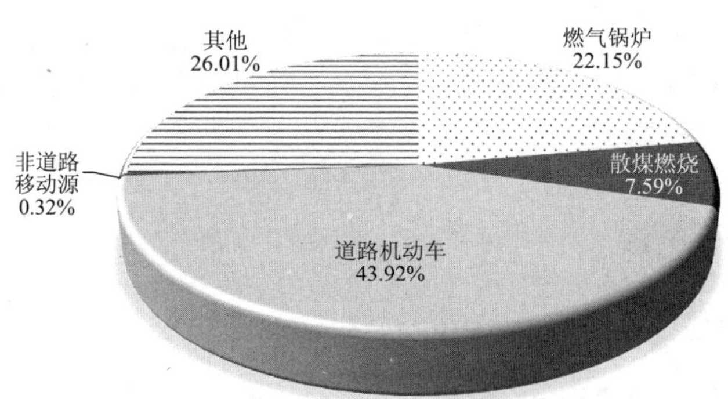

图 7-29 天津某区 NO_2 主要贡献源类构成

（5）该区全年 CO 质量浓度的主要贡献源类为道路移动源和固定燃烧源（如图 7-30 所示），其中道路机动车、散煤燃烧和燃气锅炉贡献质量浓度分别为 0.49 mg/m^3、0.37 mg/m^3 和 0.13 mg/m^3，贡献比例分别为 35.13%、26.13% 和 9.23%。重污染天气发生时，污染扩散条件不利，散煤燃烧源对 CO 质量浓度的贡献率显著上升，机动车排放和燃气锅炉源贡献率也有小幅上升。

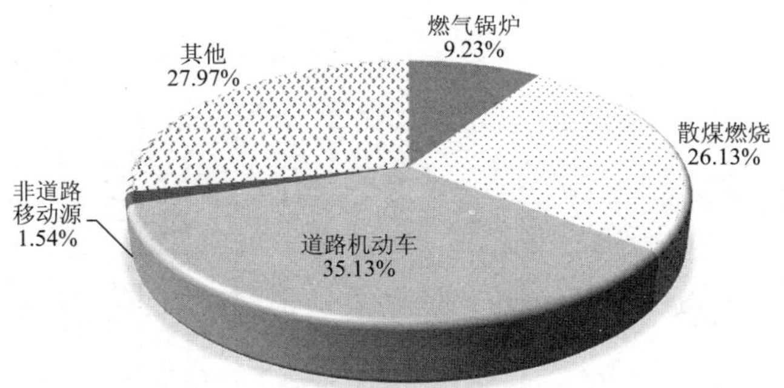

图 7-30　天津某区全年 CO 主要贡献源类构成

（6）本次调查中该区大气 VOCs 的贡献源类较多且比较分散，其中道路机动车排放是最主要的贡献源（如图 7-31 所示），贡献高达 42.10%；其次是餐饮源，社会餐饮和居民餐饮对 VOCs 的总贡献约 21.23%；散煤燃烧和溶剂使用源对 VOCs 的影响也较大，二者对 VOCs 的贡献均在 14% ～ 15%；其余源类中天然源贡献 4.86%，溶剂存储源贡献 1.38%，燃气锅炉、非道路机械和工艺过程源贡献不足 1%。

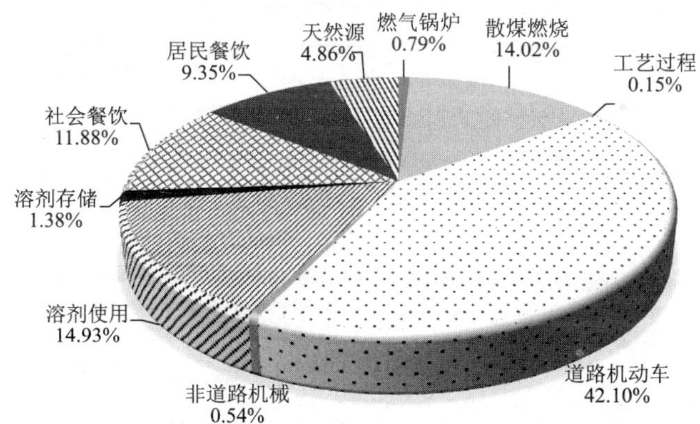

图 7-31　天津某区全年大气 VOCs 主要贡献源类构成

表 7-21 典型污染源对天津某区空气质量的影响

源类 \ 污染物		全年影响					重污染影响				
		$PM_{2.5}$	PM_{10}	SO_2	NO_2	CO	$PM_{2.5}$	PM_{10}	SO_2	NO_2	CO
固定燃烧源	燃气锅炉	0.97	1.05	—	11.74	0.13	4.02	4.21	—	26.24	0.32
	散煤燃烧	7.21	10.34	8.58	4.02	0.37	27.36	32.64	21.95	7.83	1.05
	总计	8.18	11.39	8.58	15.76	0.50	31.38	36.85	21.95	34.07	1.37
工艺过程源		0.06	0.08	—	—	—	—	0.20	0.25	—	—
扬尘源	道路扬尘	9.96	20.61	—	—	—	26.96	42.54	—	—	—
	施工扬尘	3.50	13.32	—	—	—	9.48	19.51	—	—	—
	裸地扬尘	0.33	1.24	—	—	—	0.78	1.83	—	—	—
	堆场扬尘	0.02	0.05	—	—	—	0.04	0.07	—	—	—
	总计	13.81	35.22	—	—	—	37.27	63.95	—	—	—
移动源	道路移动源	12.66	14.95	1.68	23.28	0.49	41.68	44.60	3.56	39.15	1.16
	非道路机械	0.19	0.29	0.05	0.17	0.02	0.49	0.58	0.17	0.29	0.04
	总计	12.85	15.24	1.73	23.45	0.51	42.17	45.17	3.72	39.44	1.20
餐饮源	社会餐饮	4.86	6.28	—	—	—	15.77	17.10	—	—	—
	居民餐饮	4.17	5.36	—	—	—	14.82	16.31	—	—	—
	总计	9.02	11.64	—	—	—	30.59	33.41	—	—	—
典型源类贡献总计		43.93	73.57	10.31	39.21	1.01	141.40	179.59	25.93	73.51	2.57
其他		17.07	25.43	5.69	13.79	0.39	53.60	45.41	9.07	19.49	0.63
全年均值		61	99	16	53	1.4	195	225	35	93	3.2

注：CO 单位为 mg/m^3，其余污染物单位为 $\mu g/m^3$。

7.4.5　问题及建议

（1）机动车污染已成为该区最主要的大气污染来源。

从该区涉气污染源对空气质量的贡献情况来看，移动源是该区 NO_2、CO 和 VOCs 的最大污染来源，对 $PM_{2.5}$ 和 PM_{10} 的贡献也仅次于扬尘源，已成为影响该区空气质量的最主要污染源，特别是对该区 NO_2 和 O_3 污染改善“瓶颈”影响显著，是今后需要重点关注和治理的污染源。

（2）扬尘源特别是道路扬尘源对大气颗粒物贡献显著。

2017 年该区 PM_{10} 质量浓度在全市处于较高水平，而道路扬尘就是其最主要的贡献源类。该区的裸地扬尘和堆场扬尘源的颗粒物排放量并不大，道路扬尘和施工扬尘源排放量较高，但道路扬尘源对监测点位 PM_{10} 和 $PM_{2.5}$ 的贡献显著高于施工扬尘，是施工扬尘源的 1.5 ～ 3.0 倍。因此，控制道路扬尘和施工扬尘源，在做好施工扬尘管控的同时着重加强道路扬尘源整治是该区改善 PM_{10} 污染问题的主要方向。

（3）散煤燃烧对空气质量的影响仍存治理和改善空间。

根据此次污染源调查结果，该区仍存在成片的散煤燃烧区，散煤用户 11 597 户，散煤消耗量 17 395.2 t/a。居民散煤使用常常存在煤质差、无净化、燃烧效率低等问题，对 SO_2、NO_2、CO、颗粒物和 VOCs 的贡献不容忽视。虽然近年来已进行了大批“煤改气”工程，但保留的居民散煤燃烧区对该区空气质量仍会产生较为明显的影响，仍存在一定的治理和空气质量改善空间。

（4）餐饮油烟对大气颗粒物和 VOCs 质量浓度的贡献也需关注。

该区成片居民区较多，夹杂在其中的餐馆也较为密集，全区分布有 1 200 多个餐馆。社会餐饮和居民餐饮共同排放的 $PM_{2.5}$、PM_{10} 对该区全年 $PM_{2.5}$ 和 PM_{10} 质量浓度贡献可达 10% 以上，对 VOCs 的贡献为 20% 左右，餐饮排放对空气质量的影响也需引起关注。在不影响居民正常生活的前提下，应鼓励餐饮行业加装油烟净化设施并严格监管，减少餐饮带来的大气污染物排放。

第 8 章　冬季典型重污染特征分析

大气污染物质量浓度既受污染源排放的直接影响，又与气象条件密不可分，天气形势和气象要素影响着污染物在大气环境中的传输、累积、转化、扩散以及干湿沉降等过程。本章通过对典型污染过程中污染物浓度的变化及其与气象条件之间的关系，分析重污染过程中的污染源构成及变化，为重污染的防控提供科学依据。

天津市冬季大气对流活动较弱，降水少，大气稳定度相对较高，不利于污染物扩散，较易出现重污染天气。本研究在 2016 年冬季捕捉一次雾霾天气和冷空气交替重污染过程（2016 年 12 月 15 日—22 日），除了天津市超级站开展在线监测外，本研究在 23 个采样点开展同步离线样品采集。

2016 年 12 月 15 日—22 日，天津市出现了一次持续时间较长的重污染过程，在 16 日 10 时起 $PM_{2.5}$ 质量浓度有大幅升高，并于 17 日 23 时—19 日 2 时、19 日 11 时—19 日 20 时、20 日 4 时—22 日 4 时三个时段达到严重污染水平（$PM_{2.5}$ 质量浓度高于 250 μg/m^3）。随后颗粒物质量浓度开始逐渐降低，空气质量逐步转为优。根据 $PM_{2.5}$ 质量浓度的时间变化情况，将本次重污染过程分为重污染前期（15 日 0 时—16 日 10 时）、重污染期（16 日 10 时—22 日 4 时）和污染消散期（22 日 4 时—23 时）进行分析。

8.1　大气污染物时空演变特征

（1）时间演变特征。

本次重污染过程中 6 项大气污染物时间变化趋势如图 8-1 所示。

12 月 15 日 0 时—7 时 PM_{10} 和 $PM_{2.5}$ 质量浓度逐渐上升至峰值（PM_{10} 为 217 μg/m^3，$PM_{2.5}$ 为 186 μg/m^3），$PM_{2.5}$ 与 PM_{10} 质量浓度比值同步上升，15 时 PM_{10} 和 $PM_{2.5}$ 质量浓度降低至 36 μg/m^3 和 14 μg/m^3。16 日天津市 PM_{10} 和 $PM_{2.5}$ 质量浓度持续升高，11 时 PM_{10} 和 $PM_{2.5}$ 质量浓度迅速增长至 217 μg/m^3 和 158 μg/m^3，进

入重污染阶段。17 日—18 日重污染持续，并于 18 日 11 时 PM_{10} 和 $PM_{2.5}$ 质量浓度达到本次污染的最高值 439 μg/m^3 和 389 μg/m^3，随后 PM_{10} 和 $PM_{2.5}$ 质量浓度呈现下降趋势。19 日 15 时 $PM_{2.5}$ 质量浓度由 19 日 6 时的 173 μg/m^3 升至 369 μg/m^3，随后质量浓度呈现下降趋势。12 月 20 日—22 日重污染持续，22 日 4 时 PM_{10} 和 $PM_{2.5}$ 质量浓度迅速下降，进入重污染消散期。

NO_2、CO 的日均值质量浓度变化明显，质量浓度变化趋势与颗粒物质量浓度变化趋势较为一致：污染累积期快速增加，重污染期维持在较高质量浓度水平，污染消散期下降速率快。同 SO_2 相比，CO 与 NO_2 的变化趋势接近，表明二者有相似的来源。NO_2 主要来自机动车尾气，SO_2 主要来自燃煤源，SO_2 与 NO_2 质量浓度的比值变化可以反映固定源和移动源对污染的贡献变化。SO_2 与 NO_2 质量浓度比值在重污染期间比其他时段降低，说明重污染期间移动源对污染的贡献较高。

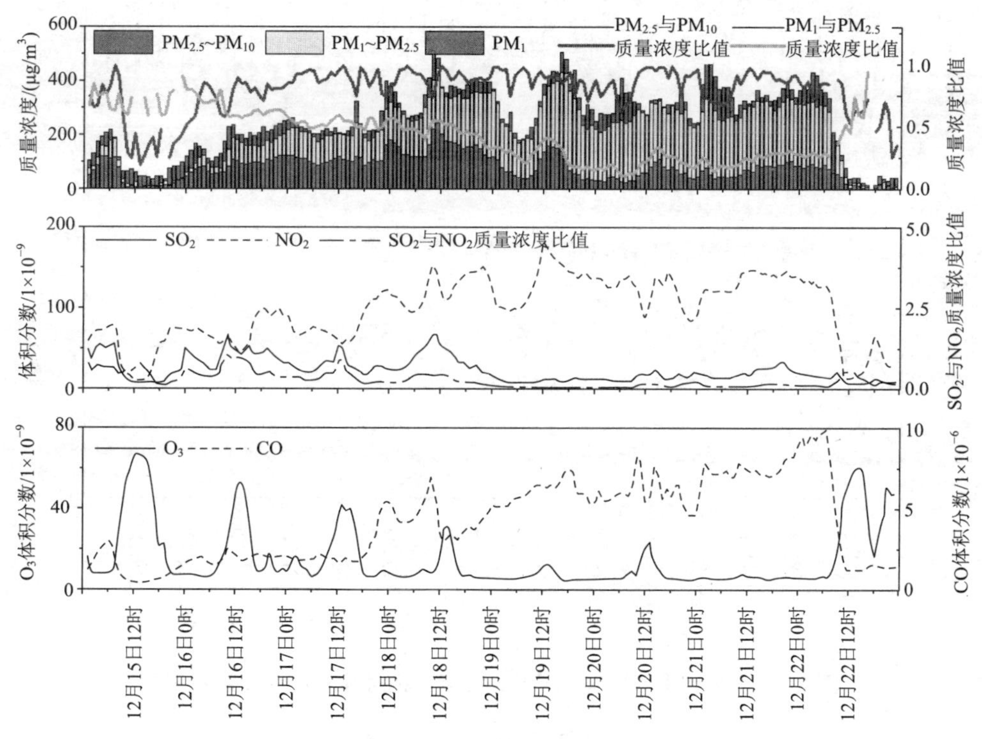

图 8-1　天津市常规 6 项大气污染物时间变化趋势

（2）气象要素演变特征。

冬季风速较低，容易出现长时间静稳天气，造成污染物持续积累，从而形成重污染。低风速使污染物在水平方向传输受阻，低混合层高度又使污染物在垂直方向难以扩散，污染物便不断累积。在此次重污染期，气象条件极不利于污染物的扩散（如图 8-2 和表 8-1 所示）。污染前期（12 月 15 日）天津市近地面以东南风为主，平均风速、温度和相对湿度分别为 1.40 m/s、2.77℃和 31.07%。进入污染期后，16 日风速降低至 0.41 m/s，日均温度与日均相对湿度分别上升至 4.58℃和 41.18%，20 日相对湿度达到峰值 82.43%，16 日—21 日天津市风速维持较低水平、温度与相对湿度相对较高，不利于污染物扩散。消散期（22 日）平均风速由 21 日的 0.61 m/s 升高至 1.33 m/s，且相对湿度由 21 日的 79.70% 降低至 49.80%，颗粒物质量浓度开始降低。

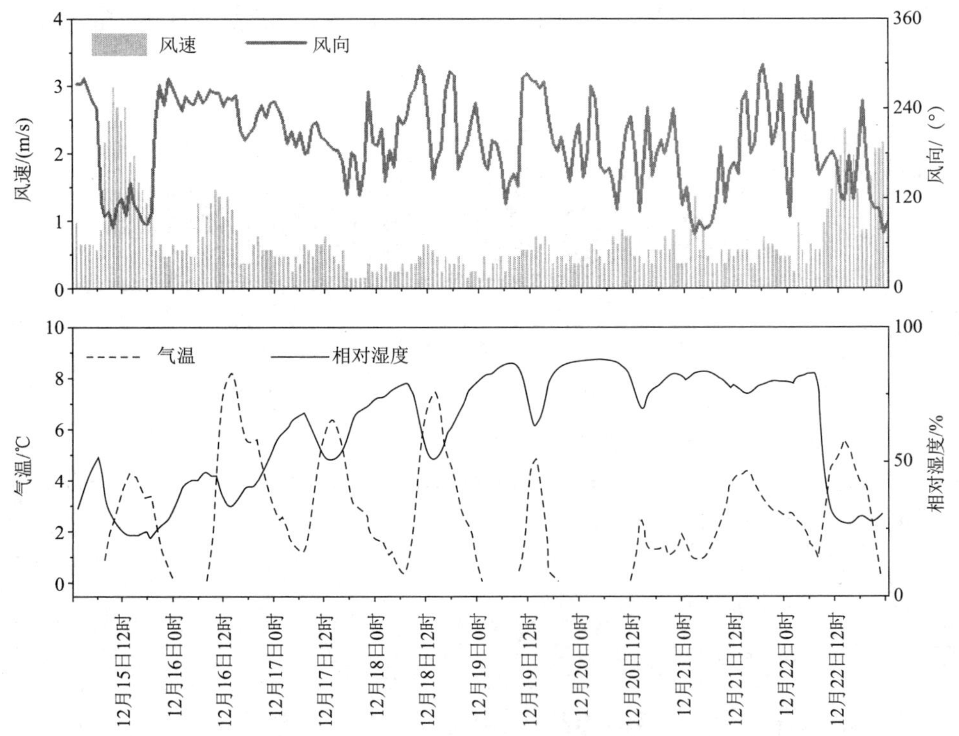

图 8-2　气象因素（风向、风速、温度、相对湿度）时间变化情况

表 8-1　气象要素日均值（实测结果）

日期	风向	风速 / (m/s)	相对湿度 /%	温度 /°C
12 月 15 日	东南	1.40	31.07	2.77
12 月 16 日	西南	0.84	41.18	4.58

日期	风向	风速 /（m/s）	相对湿度 /%	温度 /°C
12 月 17 日	西南	0.47	61.06	3.41
12 月 18 日	西南	0.41	68.25	3.29
12 月 19 日	西南	0.50	80.64	1.88
12 月 20 日	西南	0.60	82.43	1.36
12 月 21 日	东南	0.61	79.70	2.69
12 月 22 日	东南	1.33	49.80	3.08

（3）空间演变特征。

5 个区域在不同污染阶段 PM_{10} 和 $PM_{2.5}$ 平均质量浓度和 $PM_{2.5}$ 与 PM_{10} 质量浓度比值如图 8-3 所示。

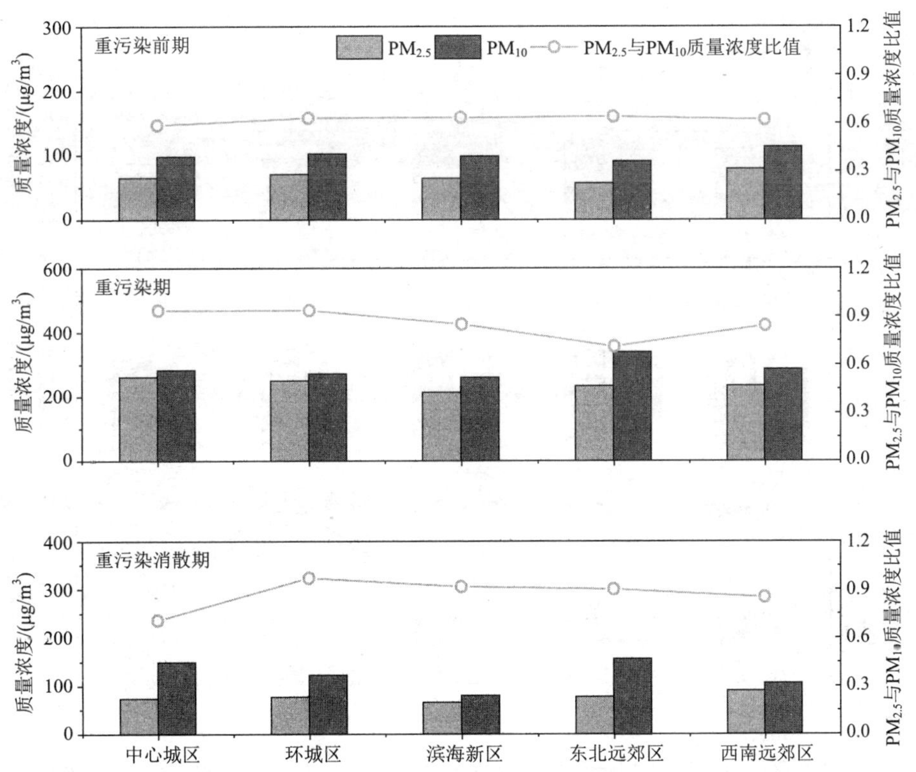

图 8-3　5 个区域在不同污染阶段 PM_{10} 和 $PM_{2.5}$ 平均质量浓度及 $PM_{2.5}$ 与 PM_{10} 质量浓度比值

重污染前期，天津市 $PM_{2.5}$ 和 PM_{10} 平均质量浓度分别为 68 μg/m³ 和 102 μg/m³，

各区域 $PM_{2.5}$ 与 PM_{10} 质量浓度比值无明显差异（0.60 ～ 0.65）。重污染期，天津市 $PM_{2.5}$ 和 PM_{10} 平均质量浓度分别为 240 μg/m^3 和 285 μg/m^3，其中滨海新区 $PM_{2.5}$ 和 PM_{10} 平均质量浓度均为所有点位最低（$PM_{2.5}$ 为 213 μg/m^3，PM_{10} 为 260 μg/m^3），东北远郊区 $PM_{2.5}$ 与 PM_{10} 质量浓度比值最低（0.71），其他四个区域，尤其是中心城区 $PM_{2.5}$ 与 PM_{10} 质量浓度比值较高（0.84 ～ 0.94），细颗粒物含量较高。重污染消散期，天津市 $PM_{2.5}$ 和 PM_{10} 平均质量浓度分别为 76 μg/m^3 和 120 μg/m^3，$PM_{2.5}$ 与 PM_{10} 质量浓度比值为 0.71 ～ 0.97，其中中心城区 $PM_{2.5}$ 与 PM_{10} 质量浓度比值较低，粗颗粒影响较为突出。

5 个区域在不同污染阶段 SO_2 和 NO_2 平均质量浓度和 SO_2 与 NO_2 质量浓度比值如图 8-4 所示。

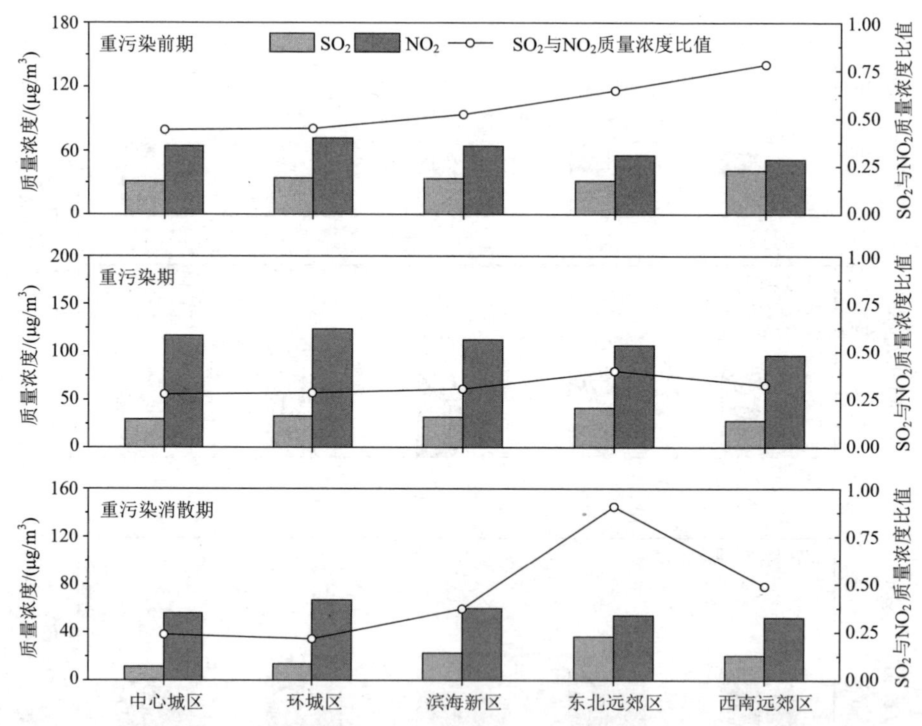

图 8-4 5 个区域在不同污染阶段 SO_2 和 NO_2 平均质量浓度和 SO_2 与 NO_2 质量浓度比值

重污染前期，天津市 SO_2 和 NO_2 的平均质量浓度以及 SO_2 与 NO_2 质量浓度比值分别为 33 μg/m^3、62 μg/m^3 和 0.54，其中中心城区 SO_2 与 NO_2 质量浓度比值（0.44）较低，西南远郊区（0.78）较高。重污染期天津市 NO_2 的平均质量浓度与重污染前期相比显著提高，其中环城区 NO_2 的平均质量浓度最高，西南远郊区最低，分别为 123 μg/m^3 与 95 μg/m^3。天津市 SO_2 平均质量浓度为 32 μg/m^3，其中东北远郊区 SO_2 质量浓度最高（41 μg/m^3），其余 4 个点位 SO_2 质量浓度相差较小（28 ～ 32 μg/m^3）。5 个区域重污染期 SO_2 与 NO_2 质量浓度比值与重污染前期相比普遍下降。重污染消散期 5 个区域 SO_2 和 NO_2 的质量浓度均达到三个污染阶段的最低值（SO_2 为 11 ～ 35 μg/m^3，NO_2 为 52 ～ 66 μg/m^3）。天津市平均 SO_2 与 NO_2 质量浓度比值为 0.41，且东北远郊区 SO_2 与 NO_2 质量浓度比值最高，为 0.90。

5 个区域在不同污染阶段 CO 和 O_3 8 h 滑动平均质量浓度如图 8-5 所示。

整个污染期间，东北远郊区 CO 质量浓度为 5 个区域中最高（重污染前期为 2.4 mg/m^3，重污染期为 7.5 mg/m^3，重污染消散期为 4.5 mg/m^3），中心城区 O_3 质量浓度均高于其他区域。三个污染阶段对比，5 个区域的 CO 质量浓度在重污染期最高。5 个区域的 O_3 质量浓度在重污染期最低，重污染消散期 O_3 质量浓度最高。

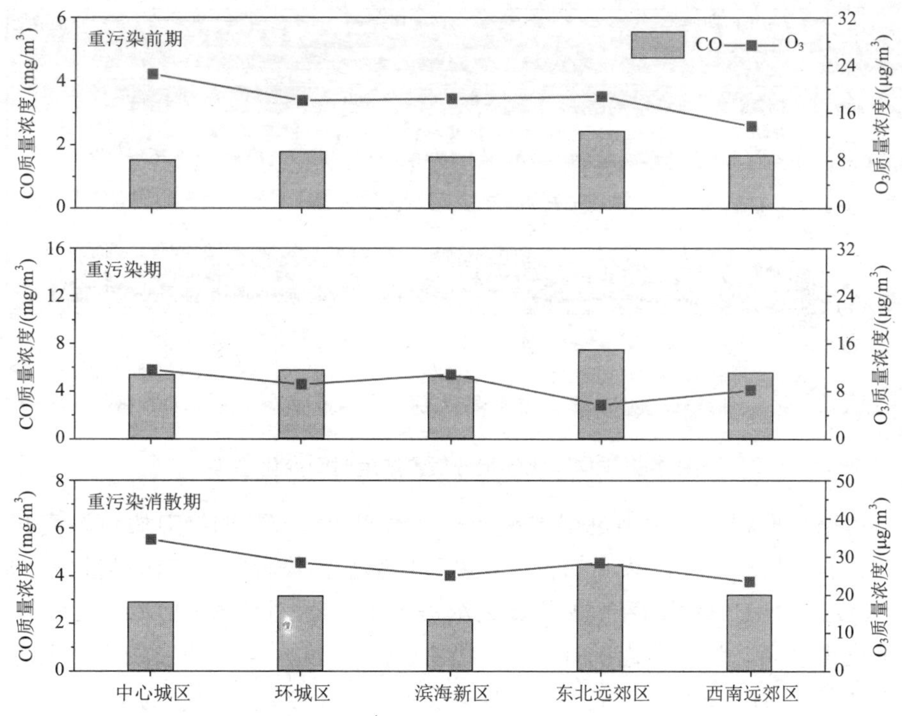

图 8-5　5 个区域在不同污染阶段 CO 和 O_3 8 h 滑动平均质量浓度

8.2 颗粒物化学组分时空变化特征

（1）时间演变特征。

基于在线仪器对 $PM_{2.5}$ 水溶性组分和碳组分实时监测，分析天津重污染过程 $PM_{2.5}$ 中化学组分的污染特征、颗粒物污染来源等（如图 8-6 和图 8-7 所示）。SO_4^{2-}、NO_3^-、NH_4^+ 等主要离子质量浓度变化趋势具有相似性，随着污染程度加重质量浓度逐渐升高，在 12 月 21 日，NO_3^-、SO_4^{2-}、NH_4^+ 质量浓度均达到相应污染阶段的峰值。监测期间数据显示，NO_3^-、SO_4^{2-}、NH_4^+ 的最大值分别达到 61.5 μg/m³、50.7 μg/m³、35.6 μg/m³，整体上 NO_3^- 的质量浓度都高于 SO_4^{2-} 质量浓度。重污染期间 OC、EC 的质量浓度也显著增加，OC、EC、Cl^- 最大值出现在 12 月 18 日，质量浓度为 68.9 μg/m³、23.8 μg/m³、10.9 μg/m³。离子和碳组分质量浓度在污染过程中都较为迅速累积达峰值，表明局地污染影响为主要原因。

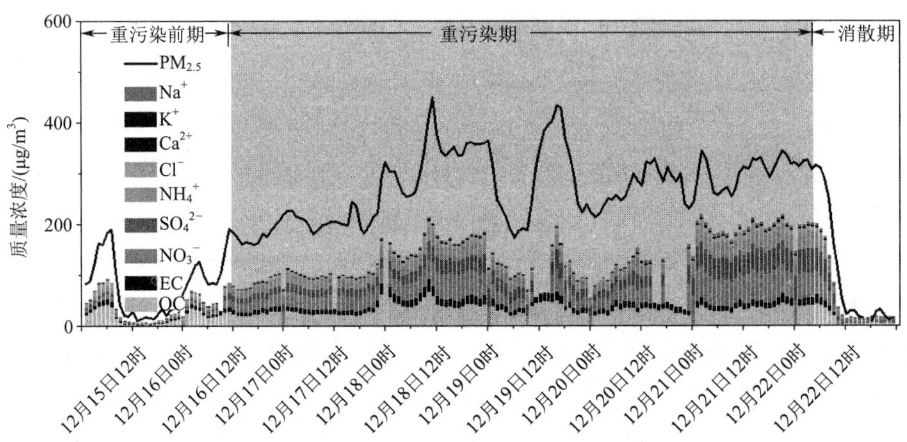

图 8-6　$PM_{2.5}$ 化学组分质量浓度时间变化趋势

与污染前期相比，污染过程中硫酸盐、硝酸盐和铵盐的绝对质量浓度和相对比例增长非常显著，二次离子的质量浓度直接影响污染程度。重污染过程开始时，NO_3^-、SO_4^{2-}、NH_4^+ 等水溶性离子质量浓度升高，而对应时间 NO_2、CO 等气体质量浓度也升高，说明气态前体物的增加加剧了二次污染物的形成。①重污染期间，机动车的贡献较大。在重污染峰值期，NO_2 和 CO 质量浓度均逐步升高，SO_2 与 NO_2 质量浓度比值相对于其他时段较低。NO_3^- 的形成与汽车尾气、燃煤排放有关，尤其是交通排放的 NO_x 在 NO_3^- 的形成中起到重要作用。随着污染过程的发展，NO_2 质量浓度和环境相对湿度不断升高，高湿、静稳环境有利于硝酸盐的二次生成，

NO_3^- 的含量随着污染过程的发展而大幅上升，重污染期间 NO_3^- 含量始终稳定在较高水平，峰值为24.5%，而且增长幅度较大。② SO_4^{2-} 在 $PM_{2.5}$ 中的平均含量为8.7%，重污染期间 SO_4^{2-} 含量逐渐升高，最高达14.7%，说明燃煤源的影响较大。工业燃料尤其化石燃料排放是 SO_4^{2-} 的重要来源。冬季气温低，大气光化学活性弱，SO_2 的转化以液相氧化或云内过程为主，而液相氧化主要在低温或晚间以及高湿的情况下发生。重污染期间相对湿度都高于80%，温度也低于3℃，气象条件有利于 SO_2 发生的液相氧化。③除此以外，重污染期间 Cl^- 含量均出现小峰值，EC含量也同步略有增高，说明夜间可能仍有垃圾焚烧、小工业等偷排现象。

污染消散期，扬尘贡献凸显。消散期，离子组分的含量大幅降低，而且 $PM_{2.5}$ 与 PM_{10} 质量浓度比值从12月21日的0.85降低到12月22日的0.68。消散期的粗颗粒物污染既有沙尘的输送下沉，也可能有因地面风速较大引起的扬尘。

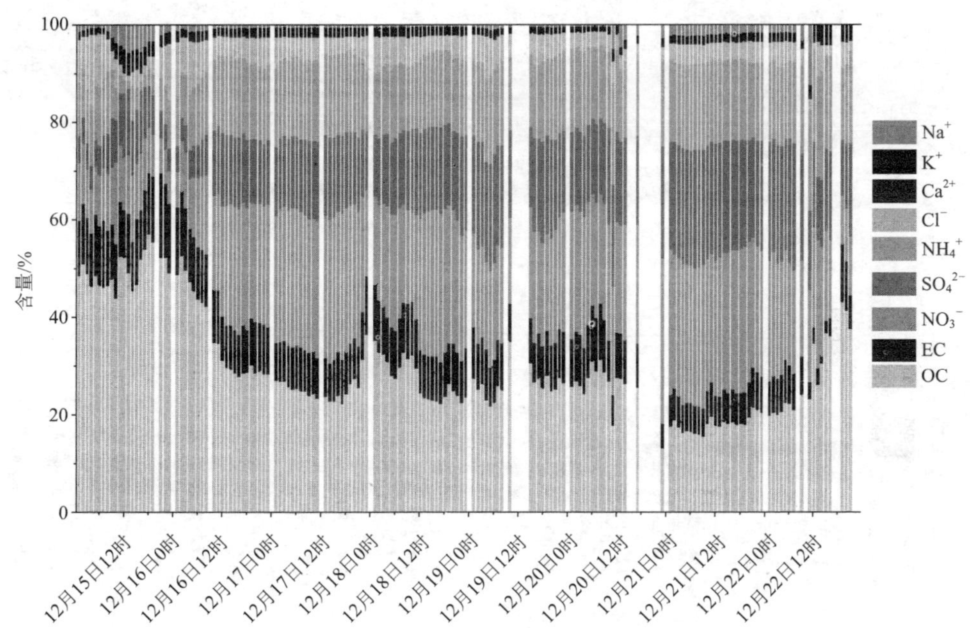

图8-7　$PM_{2.5}$ 化学组分含量时间变化趋势

（2）空间演变特征。

基于天津市23个点位离线同步采集的水溶性组分和碳组分数据，分析天津市5个区域化学组分特征与颗粒物污染来源等（如图8-8、图8-9所示）。

东北远郊区燃煤影响突出。东北远郊区颗粒物中OC含量均为所有点位最高（PM_{10} 中为 16.1% ，$PM_{2.5}$ 中为 16.4%），Cl^- 含量相对较高（PM_{10} 中为 2.7%，$PM_{2.5}$ 中为 2.7%，）且 SO_4^{2-} 与 NO_3^- 质量浓度比值为区域最高。

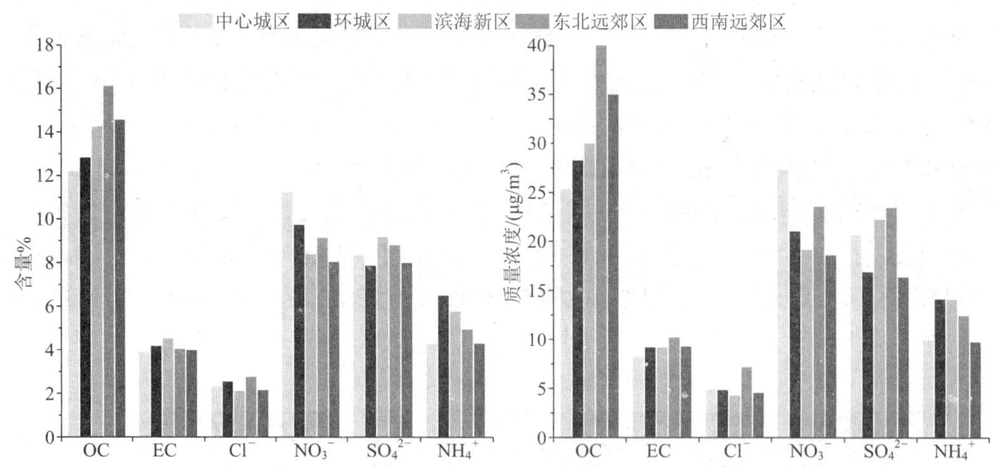

图 8-8　5 个区域的 PM_{10} 化学组分空间变化特征

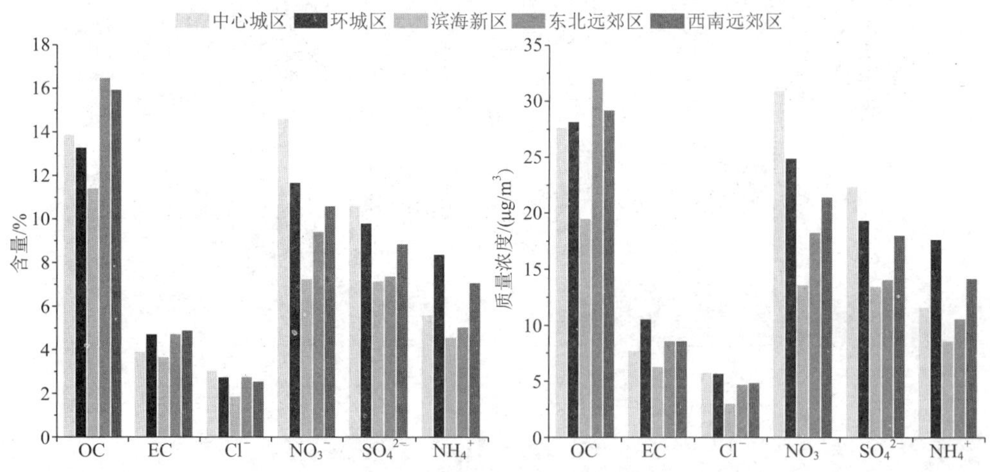

图 8-9　5 个区域的 $PM_{2.5}$ 化学组分空间变化特征

中心城区、环城区机动车、燃煤影响较为显著。颗粒物中 NO_3^- 含量与质量浓度明显高于其他区域（中心城区 PM_{10} 中为 11.3%、27 μg/m³，环城区 PM_{10} 中为 9.7%、21 μg/m³；中心城区 $PM_{2.5}$ 中为 14.6%、31 μg/m³，环城区 $PM_{2.5}$ 中为 11.7%、25 μg/m³），$PM_{2.5}$ 中 SO_4^{2-} 含量与质量浓度均较高（中心城区为 10.6%、22 μg/m³，环

城区为 9.8%、19 μg/m^3）。

西南远郊区 $PM_{2.5}$ 中 EC 含量（4.9%）、Cl^- 含量（2.6%）、OC 与 EC 质量浓度比值（3.4）相对较高，推测西南远郊区细颗粒物受燃煤源排放以及小作坊排放的影响。

各区域间的 SO_4^{2-}、NO_3^- 和 NH_4^+ 含量有明显差异，说明二次盐类污染具有一定的区域性。

8.3　重污染期间源解析结果

（1）常规源解析结果。

应用 CMB 模型解析得到各一次源类和二次颗粒物对天津市重污染期间（2016 年 12 月 15 日—22 日）PM_{10}、$PM_{2.5}$ 的贡献，如表 8-2 所示。

表 8-2　天津市重污染期间 PM_{10}、$PM_{2.5}$ 来源模型解析结果　单位：%

源类	PM_{10}	$PM_{2.5}$
扬尘	14.6	11.3
煤烟尘	17.0	14.4
二次硫酸盐	10.6	14.3
二次硝酸盐	16.0	17.9
机动车尾气尘	21.3	22.9
冶金尘	5.4	3.5
海盐粒子	0.8	0.9
二次有机碳	5.8	6.3
其他	8.6	8.5

天津市重污染采样期间 PM_{10} 的源解析结果显示，在参与拟合的源类中，各源类的分担率大小依次为机动车尾气尘（21.3%）、煤烟尘（17.0%）、二次硝酸盐（16.0%）、扬尘（14.6%）、二次硫酸盐（10.6%）、二次有机碳（5.8%）、冶金尘（5.4%）、海盐粒子（0.8%）。

天津市重污染采样期间 $PM_{2.5}$ 的源解析结果显示，在参与拟合的源类中，各源类的分担率大小依次为机动车尾气尘（22.9%）、二次硝酸盐（17.9%）、煤烟尘（14.4%）、二次硫酸盐（14.3%）、扬尘（11.3%）、二次有机碳（6.3%）、冶金尘（3.5%）、海盐粒子（0.9%）。

（2）全市综合源解析结果。

机动车是天津市此次重污染过程 PM_{10}、$PM_{2.5}$ 来源的主要贡献者（如图 8-10 所示）。重污染期间，PM_{10} 主要来源及贡献依次为机动车（34.8%）、燃煤（20.9%）、工业（16.6%）、扬尘（14.6%）。$PM_{2.5}$ 主要来源依次为机动车（36.9%）、燃煤（23.5%）、工业（17.1%）、扬尘（11.3%）。

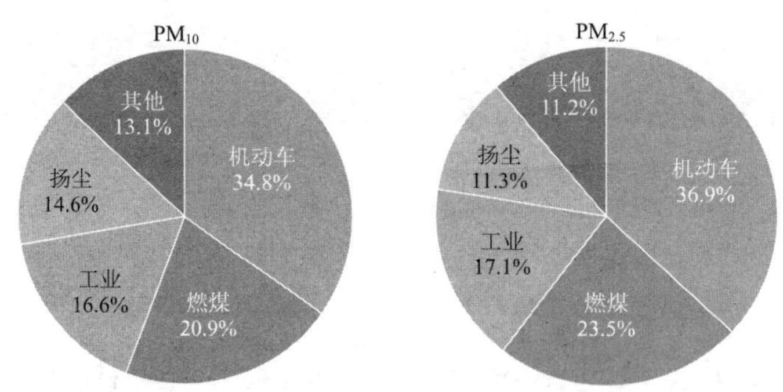

图 8-10　重污染期间颗粒物综合源解析结果

8.4　本章小结

（1）2016 年 12 月 15 日—22 日，天津市出现了一次持续时间较长的重污染过程，根据 $PM_{2.5}$ 质量浓度的时间变化情况，将本次重污染过程分为重污染前期（15 日 0 时—16 日 10 时）、重污染期（16 日 10 时—22 日 4 时）和污染消散期（22 日 4 时—23 时）进行分析。此次重污染期，天津市风速维持较低水平、温度与相对湿度相对较高，不利于污染物扩散。

（2）重污染期间，机动车的贡献较大。在重污染峰值期，NO_2 和 CO 质量浓度均逐步升高，SO_2 与 NO_2 质量浓度比值相对于其他时段较低，NO_3^- 含量始终稳定在较高水平，而且 SO_4^{2-} 在 $PM_{2.5}$ 中的平均含量为 8.7%，重污染期间 SO_4^{2-} 含量逐渐升高，最高达 14.7%，说明燃煤源的影响较大。此外，重污染期间 Cl^- 含量均出现小峰值，EC 含量也同步略有增高，说明夜间可能仍有垃圾焚烧、小工业等偷排现象。

（3）重污染期间颗粒物组分与污染源贡献空间差异性明显，东北远郊区燃煤影响突出，中心城区、环城区机动车、燃煤影响较为显著，西南远郊区细颗粒物受燃煤源排放以及小作坊排放的影响。

第 9 章　颗粒物污染综合分析

天津市大气颗粒物精细化源解析项目通过颗粒物源、受体成分谱、污染源排放清单、化学质量平衡模型等多模式有机耦合，依据天津市 2016 年污染源排放清单、源受体成分谱以及重点区域实地调查等构建天津市大气颗粒物精细化源解析技术方法，系统研究天津市环境空气中 PM_{10} 和 $PM_{2.5}$ 的污染特征和来源。自 2016 年 2 月起，项目组先后完成了全市 23 个空气自动点位周边 4 个季节受体颗粒物采样工作，建立了全市 16 个区精细化源成分谱，补充完善了开放源、固定源和流动源三大类包括船舶等在内的主要源类精细化源成分谱，完成了全市中心城区、环城区、滨海新区、东北远郊区和西南远郊区等 5 个区域，冬、春、夏三季分区精细化解析，并针对季节和区域污染特征编制了阶段分析报告 3 期，工作情况专报 5 期。通过技术方法找准污染问题，实现了不同空间、不同行业、不同季节的污染溯源分析。迈出了天津市大气污染精细化管理的第一步，为天津市有效开展大气颗粒物污染防治提供了科学指导。

本章对天津市颗粒物来源进行精细化解析并结合历史颗粒物化学组分及源解析结果，对其污染特征及演变趋势进行综合分析，概括如下。

（1）大气颗粒物治理总体成效显著，主要污染源类贡献质量浓度值下降明显。

依照国家《大气污染防治行动计划》《京津冀及周边地区落实大气污染防治行动计划实施细则》，天津市制定并实施了《天津市清新空气行动方案》，通过采取立法立规、行政管理、科学技术和经济杠杆等多方面手段，重点针对施工和道路扬尘、燃煤消费、工业污染和机动车排放等污染源进行了综合治理，颗粒物污染有明显改善。2016 年天津市 $PM_{2.5}$ 和 PM_{10} 质量浓度分别达到 69 $\mu g/m^3$ 和 103 $\mu g/m^3$，较 2013 年下降 28.1% 和 31.3%（如图 9-1 所示）。

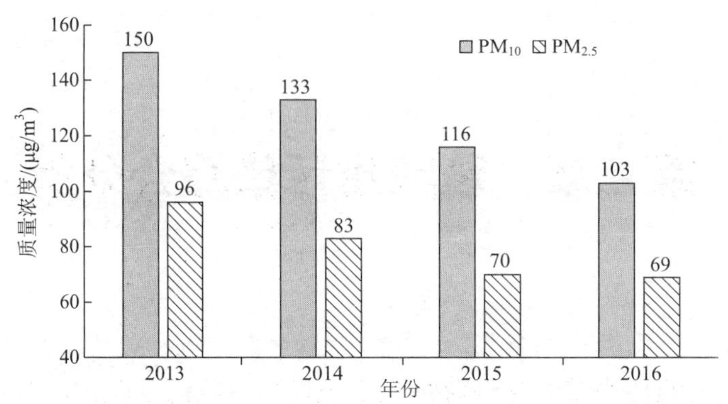

图 9-1 天津市 2013—2016 年颗粒物质量浓度情况

相比于 2011 年，2016 年颗粒物主要源类的绝对贡献质量浓度值均下降明显（如图 9-2 所示），$PM_{2.5}$ 中扬尘、燃煤、工业、机动车贡献质量浓度值的降幅依次达到 64.4%、52.9%、48.9% 和 28.4%。PM_{10} 中扬尘、燃煤、工业、机动车贡献质量浓度值的降幅依次达到 69.5%、66.3%、60.1% 和 36.6%。

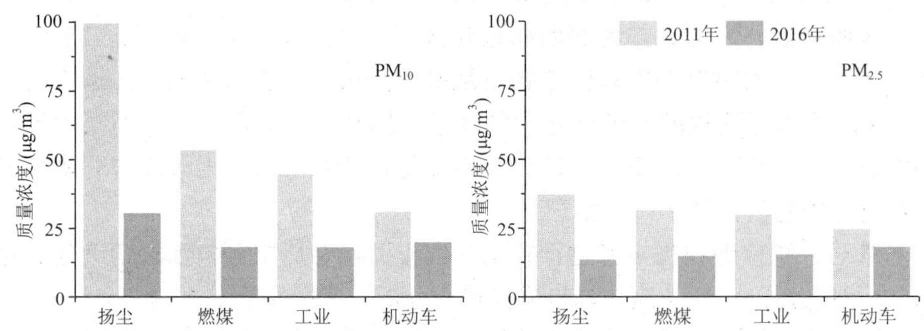

图 9-2 2011 年、2016 年天津市 PM_{10} 与 $PM_{2.5}$ 年均源解析结果（贡献值）对比

对比 2011 年和 2016 年颗粒物的全年源解析结果（如图 9-3 所示），污染源的主次关系发生明显改变：扬尘源虽有大幅下降，但仍是 PM_{10} 的首要来源，而机动车贡献显著上升，成为 $PM_{2.5}$ 的首要贡献源。

（2）扬尘治理成效显著，但仍有较大可控空间。

扬尘污染治理成效最为显著：地壳元素（Si、Al、Ca 等）质量浓度明显下降（如图 9-4 所示）。扬尘对颗粒物的年均贡献质量浓度和分担率在四大源类中降幅最大，PM_{10} 与 $PM_{2.5}$ 中扬尘贡献率分别从 2011 年的 42.7%、29.2% 降低至 2016 年的 31.9%、19.7%。

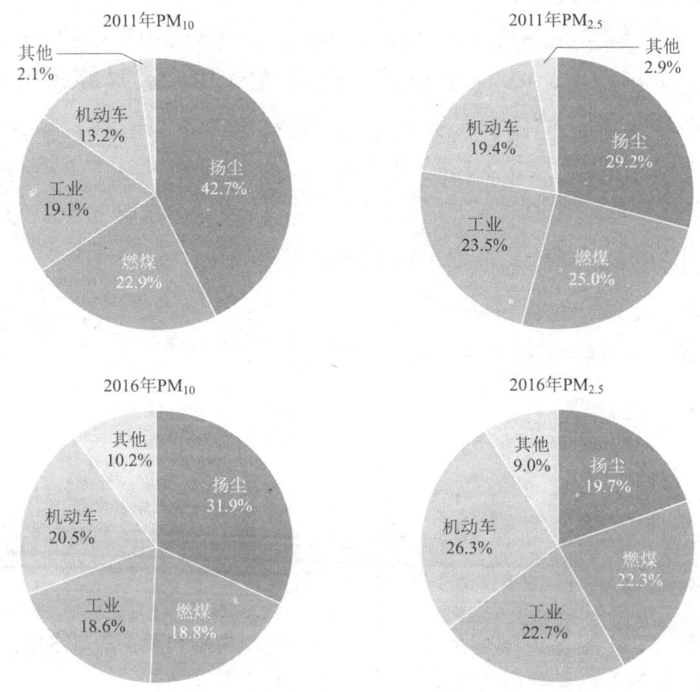

图 9-3　2011 年、2016 年天津市 PM_{10}、$PM_{2.5}$ 源解析结果对比

2016 年的源解析结果显示扬尘仍为 PM_{10} 的首要贡献源类。2013 年以来天津市房屋建筑施工面积逐年递增，同时 2016 年全市降尘均值还高达 10.17 t/(km^2·月)，说明扬尘仍有很大的可控空间。

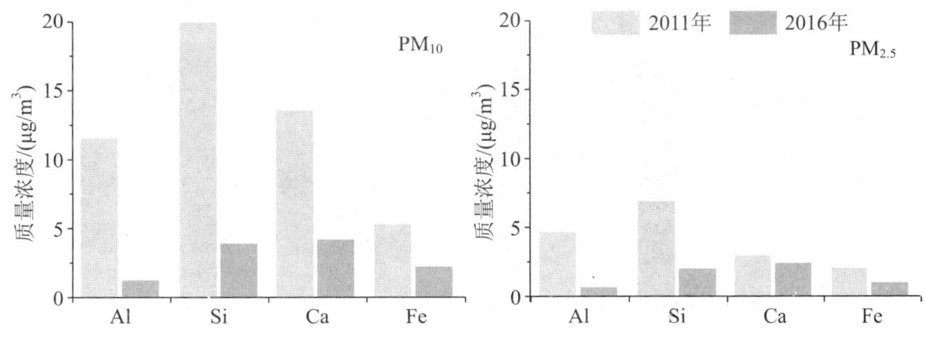

图 9-4　2011 年、2016 年天津市 PM_{10} 与 $PM_{2.5}$ 中地壳元素质量浓度对比

（3）燃煤源得到有效控制，控煤减煤成效显著。

天津市 SO_2 质量浓度从 2011 年的 42 μg/m^3 下降至 2016 年的 21 μg/m^3，降幅达 50%。与 2011 年相比，$PM_{2.5}$ 中 SO_4^{2-} 年均质量浓度和含量降幅均近一半以上，Cl^- 质量浓度显著下降（如图 9-5 所示），长期来看燃煤源得到有效控制，燃煤源对 PM_{10} 和 $PM_{2.5}$ 的贡献比 2011 年分别下降 4.1 个百分点和 2.7 个百分点。天津市 SO_2 排放量逐年下降，由 2011 年的 23.1 万 t 下降到 2016 年的 9.32 万 t，降幅为 59.7%；2012 年以后，NO_x 排放量呈现递减趋势。

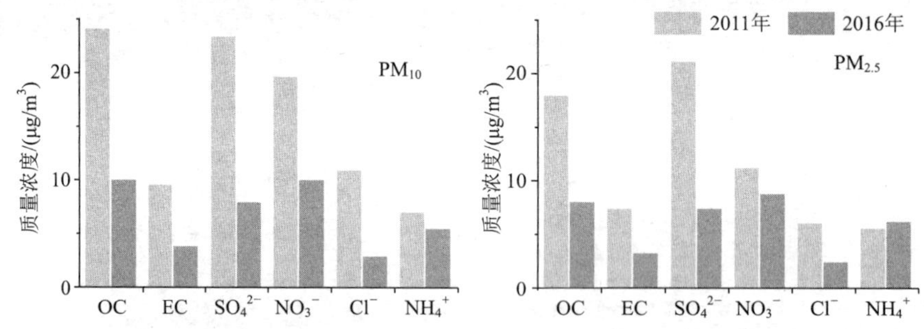

图 9-5　2011 年、2016 年天津市 PM_{10} 与 $PM_{2.5}$ 中碳和离子质量浓度对比

由于天津为采暖城市，燃煤贡献在冬季尤为突出。从 2011 年、2014 年、2015 年和 2016 年采暖季的颗粒物化学组分和源贡献值变化趋势可以看出，冬季燃煤源对 $PM_{2.5}$ 的贡献值整体呈下降趋势（如图 9-6 所示），2011 年至 2014 年冬季从 30.4% 小幅升高至 31.0%，2015 年冬季再大幅回落，2016 年冬季继续降低。而 SO_4^{2-}、Cl^-、OC 冬季平均含量也在 2014 年冬季以后逐年降低。燃煤源得到一

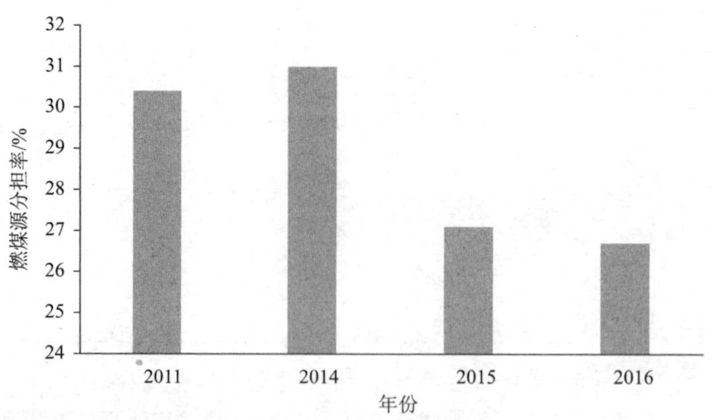

图 9-6　2011—2016 年天津市采暖季燃煤源对 $PM_{2.5}$ 的分担率

定程度的控制，对冬季重污染防治工作的重视和防治力度的加大，有力保障了天津市环境空气质量的改善。

（4）工业源治理仍需进一步深化落实。

天津市过去几年在控工业污染方面采取多方面的措施：如对石化生产装置挥发性有机物进行了泄漏检测和修复，实施重点工业企业脱硫、脱硝和挥发性有机物治理，钢铁联合企业烟粉尘无组织排放治理，关停淘汰落后企业以及搬迁关停外环线周边有污染和危化企业，对“散乱污”企业进行排查、关停取缔、搬迁改造等分类施治等。工业污染贡献稳中有降，但仍是颗粒物的主要贡献源，2011 年、2016 年工业生产对 PM_{10} 的贡献分别为 19.1%、18.6%，对 $PM_{2.5}$ 的贡献分别为 23.5%、22.7%。工业生产的贡献在 PM_{10} 中低于扬尘、机动车和燃煤，为贡献第四的源类，在 $PM_{2.5}$ 中则仅次于机动车，为第二大贡献源类。

（5）机动车源成为现阶段 $PM_{2.5}$ 主要贡献源，管控措施有待加强。

天津市机动车保有量逐年保持快速增长态势，机动车保有量由 2011 年的 201 万辆增加到 2016 年的 274 万辆，增幅为 36.3%，机动车产生的污染已成为天津市大气污染源构成的重要部分。2016 年天津市道路移动源排放 NO_x 63 598 t、PM_{10} 2 343 t、$PM_{2.5}$ 2 127 t。其中载货汽车排放的 NO_x 接近机动车排放总量的 75%，颗粒物超过 65%。根据《天津市 2016 年交通运行报告》的数据，天津整体交通拥堵指数较高，其中 3 月和 5 月达到最大值，分别为 1.89 和 1.88，交通拥堵情况较为严重。

机动车对 PM_{10} 的贡献从 2011 年的 13.2% 升至 2016 年的 20.5%，对 $PM_{2.5}$ 的贡献从 19.4% 升至 26.3%，涨幅分别为 7.3 个百分点和 6.9 个百分点。尽管颗粒物中 SO_4^{2-} 质量浓度大幅下降，但是 NO_3^- 质量浓度下降幅度相对较小，SO_4^{2-} 与 NO_3^- 质量浓度比值由 2011 年的 2.1 降低到 2016 年的 1.1，说明相对于固定燃煤源，现阶段机动车源的贡献凸显。总体来看，机动车的贡献质量浓度值虽有下降，但分担率稳中有升，多重减排措施难敌保有量基数增加。

（6）颗粒物组分来源时空差异明显，污染防控各有侧重。

东北远郊区始终受燃煤影响突出，其中采暖季 OC 含量和 SO_4^{2-} 与 NO_3^- 质量浓度比值为区域最高，风沙季和夏季 OC 含量较高，OC 与 EC 质量浓度比值也较高，秸秆燃烧和散煤都有一定贡献。同时风沙季受扬尘影响较大，PM_{10} 中主要地壳类元素含量均在东北远郊区较高。

西南远郊区 Cl^- 含量始终最高，为全市平均水平的 2 ～ 3 倍，受拆解电线、冶金制造等高氯工业排放影响明显。

中心城区、环城区 4 个季节的 PM_{10} 中地壳类元素含量都较高，扬尘的影响显著；$PM_{2.5}$ 中 OC、NO_3^- 的质量浓度都较高，机动车污染排放的影响较大。

采暖季、夏季和秋季滨海新区地壳元素含量明显高于其他区域，扬尘源的影响较大；而风沙季滨海新区 OC 含量偏低，EC 含量较高，OC 与 EC 质量浓度比值处于全市最低水平，SO_4^{2-}、NO_3 含量较高，受到工业、港口船舶以及大货车的影响。

目前，天津市大气颗粒物污染特征已发生重大变化，主要表现在从粗颗粒物污染向细颗粒物污染转变、从单一污染来源向多种重要来源转变、从煤烟型污染向复合型污染转变。天津市的大气颗粒物污染已呈现出明显的复合型污染特征，治理难度巨大，短期内难以显著改善。

2013 年，为加快以 $PM_{2.5}$ 为重点的大气污染治理，切实改善环境空气质量，依照国家《大气污染防治行动计划》《京津冀及周边地区落实大气污染防治行动计划实施细则》，结合天津市实际，制定《天津市清新空气行动方案》（以下简称《行动方案》）。《行动方案》以控煤、控车、控尘、控制工业污染和控制新建项目排放等 5 项工作为重点，制定了 10 大任务 66 项措施并细化为 462 项具体任务，从污染物协同控制、产业结构调整、优化能源结构、重污染天气应对、组织机制建设等方面进行综合施策，内容全面，基础扎实，措施得当，针对性强，空气污染综合防治力度空前，在天津市各界齐心努力下，天津市空气污染防治攻坚战取得了阶段性胜利。

但是，从历年颗粒物源解析结果可以看出，天津市大气颗粒物的来源越来越复杂，对颗粒物有重要贡献的源类增多，其中二次颗粒物的贡献显著增多，且已成为影响天津市环境空气颗粒物尤其是 $PM_{2.5}$ 的主要源类之一。要实现二次颗粒物的有效控制，不仅要对 SO_2、NO_x 等气态前体物进行控制，同时也要加大对 O_3 和 VOCs 等物种的控制。我们必须看到，当前大气环境治理难度大，压力重，需要联合多种技术手段开展基于科学研究的复合型污染的协同控制工作，增强协同控制能力开展复杂的、综合的、协同的系统治理工作。

参考文献

包贞，冯银厂，焦荔，等，2010．杭州市大气 $PM_{2.5}$ 和 PM_{10} 污染特征及来源解析 [J]．中国环境监测，26（2）：44-48．

成海荣，王祖武，冯家良，等，2012. 武汉市城区大气 $PM_{2.5}$ 的碳组分与源解析 [J]. 生态环境学报，21（9）：1574-1579．

程真，2013．长三角城市群灰霾污染与颗粒物理化性质的关系 [D]．北京：清华大学．

窦筱艳，赵雪艳，徐珣，等，2016．应用化学质量平衡模型解析西宁大气 $PM_{2.5}$ 的来源 [J]．中国环境监测，32（4）：7-14．

付晓辛，2015．珠江三角洲地区 $PM_{2.5}$ 浓度组成变化及其对粒子酸度和消光的影响 [D]．广州：中国科学院广州地球化学研究所．

贺克斌，杨复沫，段凤奎，等，2011．大气颗粒物与区域复合污染 [M]．北京：科学出版社．

洪理靖，2016．哈尔滨市大气细颗粒物污染特征及源解析 [D]．哈尔滨：哈尔滨工业大学．

贾琳琳，2014．北方寒冷地区大气颗粒物污染特征及源解析研究 [D]．哈尔滨：哈尔滨工业大学．

刘保献，张大伟，陈添，等，2015．北京市 $PM_{2.5}$ 主要化学组分浓度水平研究与特征分析 [J]．环境科学学报，35（12）：4053-4060．

罗达通，2015．典型沙尘多发地银川市 $PM_{2.5}$ 污染特征及来源分析 [D]．北京：中国环境科学研究院．

马思萌，王丽涛，魏哲，等，2016．邯郸市 $PM_{2.5}$ 及其化学组分的季节性变化 [J]．环境工程学报，10（7）：3743-3750．

唐孝炎，张远航，邵敏，2006．大气环境化学 .2 版 [M]．北京：高等教育出版社．

王佳，2015．郑州市 $PM_{2.5}$ 污染特征及其源解析研究 [D]．郑州：郑州大学．

王文帅，2009．哈尔滨市采暖期大气颗粒物组分源解析 [D]．哈尔滨：哈尔滨工业大学．

温梦婷，胡敏，2007．北京餐饮源排放细粒子理化特征及其对有机颗粒物的贡献 [J]．环境科学，28（11）：2620-2625．

吴琳，沈建东，冯银厂，等，2014．杭州市灰霾与非灰霾日不同粒径大气颗粒物来源解析 [J]．环境科学研究，27（4）：373-381．

徐浩，杨龙誉，2015．受体模型及其在大气颗粒物来源解析中的应用 [J]．四川环境，34（1）：138-145．

徐光，2007．辽宁省三城市大气颗粒物来源解析研究 [J]．中国环境监测，23（3）：57-61．

杨凌霄，2008．济南市大气 $PM_{2.5}$ 污染特征、来源解析及其对能见度的影响 [D]．济南：山东大学．

杨天智，2010．长沙市大气颗粒物 $PM_{2.5}$ 化学组分特征及来源解析 [D]．长沙：中南大学．

赵竹子，2015．青藏高原大气气溶胶的理化组成及其来源解析 [D]．北京：中国科学院大学．

周志恩，张丹，翟崇治，等，2011．重庆市主城区颗粒物的来源解析研究 [C]．2011 中国环境科学学会学术年会论文集（第二卷）．

朱坦，白志鹏，1995．秦皇岛市大气颗粒物来源解析研究 [J]．环境科学研究，8（5）：49-55．

Aldabe J, Elustondo D, Santamaría C, et al., 2011. Chemical characterisation and source apportionment of $PM_{2.5}$ and PM_{10} at rural, urban and traffic sites in Navarra (North of Spain)[J]. Atmospheric Research, 102(1): 191-205.

Andreae M O, Andreae T W, Annegarn H, et al., 1998.Airborne studies of aerosol emissions from savanna fires in southern Africa: 2. Aerosol chemical composition[J]. Journal of Geophysical Rescarch, 103(D24): 32119-32128.

Chan T W, Huang L, Leaitch W R, et al., 2010.Observations of OM/OC and specific attenuation coefficients (SAC) in ambient fine PM at a rural site in central Ontario, Canada[J]. Atmospheric Chemistry & Physics, 10(5): 2393-2411.

Chow J C, Watson J G, Crow D, et al. , 2001.Comparison of IMPROVE and NIOSH carbon measurements[J]. Aerosol Science and Technology, 34(1): 23-34.

Chen L W A, Watson J G, Chow J C, et al., 2010.Chemical mass balance source apportionment for combined $PM_{2.5}$ measurements from US non-urban and urban long-term networks[J]. Atmospheric Environment, 44: 4908-4918.

Cui H Y, Chen W H, Dai W, et al., 2015. Source apportionment of $PM_{2.5}$ in Guangzhou combining observation data analysis and chemical transport model simulation[J]. Atmospheric Environment, 116: 262-271.

Duan F K, Liu X D, Yu T, et al., 2004. Identification and estimate of biomass burning contribution to the urban aerosol organic carbon concentrations in Beijing[J]. Atmospheric Environment, 38(9): 1275-1282.

Friend A J, Ayoko G A, Guo H, 2011.Multi-criteria ranking and receptor modelling of airborne fine particles at three sites in the Pearl River Delta region of China[J]. Science of the Total Environment, 409(4): 719-737.

Han B, Kong S F, Bai Z P, et al., 2010. Characterization of elemental species in $PM_{2.5}$ samples collected in four cities of Northeast China [J]. Water Air & Soil Pollution, 209(1-4): 15-28.

Huang X H H, Bian Q J, Ng W M, et al., 2014.Characterization of $PM_{2.5}$ major components and source investigation in suburban Hong Kong: a one year monitoring study[J]. Aerosol & Air Quality Research, 14(1): 237-250.

Kuang B Y, Lin P, Huang X H H, et al., 2015.Sources of humic-like substances in the Pearl River Delta, China: positive matrix factorization analysis of $PM_{2.5}$ major components and source markers[J]. Atmospheric Chemistry & Physics, 15(4): 1995-2008.

Li J, Zhuang G S, Huang K, et al., 2008. Characteristics and sources of air-borne particulate in Urumqi, China, the upstream area of Asia dust[J]. Atmospheric Environment, 42(4): 776-787.

Li L, Wang W, Feng J L, et al., 2010.Composition, source, mass closure of $PM_{2.5}$ aerosols for four forests in eastern China[J]. Journal of Environmental Sciences, 22(3): 405-412.

Lin P, Hu M, Deng Z, et al., 2009.Seasonal and diurnal variations of organic carbon in $PM_{2.5}$ in Beijing and the estimation of secondary organic carbon[J]. Journal of Geophysical Research Atmospheres, 114(D2).

Liu B S, Song N, Dai Q L, et al., 2015.Chemical composition and source apportionment of ambient $PM_{2.5}$ during the non-heating period in Taian, China[J]. Atmospheric Research, 170: 23-33.

Mantas E, Remoundaki E, Halari I, et al., 2014.Mass closure and source apportionment of $PM_{2.5}$, by Positive Matrix Factorization analysis in urban Mediterranean environment[J]. Atmospheric Environment, 94: 154-163.

Masiol M, Benetello F, Harrison R M, et al., 2015. Spatial, seasonal trends and transboundary transport of $PM_{2.5}$, inorganic ions in the Veneto region (Northeastern Italy)[J]. Atmospheric Environment, 117: 19-31.

Perrone M G, Larsen B R, Ferrero L, et al., 2012.Sources of high $PM_{2.5}$ concentrations in Milan, Northern Italy: molecular marker data and CMB modelling[J]. The Science of the Total Environment, 414(1): 343-355.

Qiu X H, Duan L, Gao J, et al., 2016.Chemical composition and source apportionment of PM_{10} and $PM_{2.5}$ in different functional areas of Lanzhou, China[J]. Journal of Environmental Sciences, 40(2): 75-83.

Santoso M, Lestiani D D, Mukhtar R, et al., 2011.Preliminary study of the sources of ambient air pollution in Serpong, Indonesia[J]. Atmospheric Pollution Research, 2(2): 190-196.

Shen Z X, Cao J J, Li X X, et al., 2006.Chemical characteristics of aerosol particles ($PM_{2.5}$) at a site of Horqin Sand-land in northeast China[J]. Journal of Environmental Sciences , 18(4): 701-707.

Tan J H, Duan J C, Ma Y L, et al., 2016. Long-term trends of chemical characteristics and sources of fine particle in Foshan City, Pearl River Delta: 2008-2014[J]. Science of the Total Environment, 565: 519-528.

Tao J, Gao J, Zhang L N, et al., 2014. $PM_{2.5}$ pollution in a megacity of southwest China: Source apportionment and implication[J]. Atmospheric Chemistry & Physics, 14(4): 8679-8699.

Tecer L H, Tuncel G, Karaca F, et al., 2012. Metallic composition and source apportionment of fine and coarse particles using positive matrix factorization in the southern Black Sea atmosphere[J]. Atmospheric Research, 118(3): 153-169.

Tian Y Z, Shi G L, Huang-Fu Y Q, et al.,2016.Seasonal and regional variations of source contributions for PM_{10} and $PM_{2.5}$ in urban environment[J]. Science of the Total Environment, 557-558: 697-904.

Voutsa D, Samara C, Manoli E, et al., 2014.Ionic composition of $PM_{2.5}$ at urban sites of northern Greece: secondary inorganic aerosol formation[J]. Environmental Science & Pollution Research, 21(7): 4995-5005.

Wang P, Cao J J, Shen Z X, et al., 2015. Spatial and seasonal variations of $PM_{2.5}$ mass and species during 2010 in Xi'an, China[J]. Science of the Total Environment, 508(508C): 477-487.

Wang Y, Zhuang G S, Tang A H, 2005. The ion chemistry and the source of $PM_{2.5}$ aerosol in Beijing[J]. Atmospheric Environment, 39(21): 3771-3784.

Wu S P, 2015. Two-Years $PM_{2.5}$ observations at four urban sites along the coast of southeastern China[J]. Aerosol & Air Quality Research, 15(5): 1799-1812.

Xu H, Bi X H, Zheng W W, et al., 2015. Particulate matter mass and chemical component concentrations over four Chinese cities along the western Pacific coast[J]. Environmental Science & Pollution Research International, 22(3): 1940-1953.

Yang F, He K B, Ye B, et al., 2005. One-year record of organic and elemental carbon in fine particles in downtown Beijing and Shanghai[J]. Atmospheric Chemistry & Physics, 5(6): 1449-1457.

Yang L X, Zhou X H, Wang Z, et al., 2012.Airborne fine particulate pollution in Jinan, China: concentrations, chemical compositions and influence on visibility impairment[J]. Atmospheric Environment, 55(3): 506-514.

Yao L, Yang L X, Yuan Q, et al., 2016. Sources apportionment of $PM_{2.5}$ in a background site in the North China Plain[J]. Science of the Total Environment, 541: 590-598.

Yin J X, Harrison R M, Chen Q, et al., 2010. Source apportionment of fine particles at urban background and rural sites in the UK atmosphere[J]. Atmospheric Environment, 44(6): 841-851.

Yu J H, Chen T, Benjamin G,et al., 2006.Characteristics of carbonaceous particles in Beijing during winter and summer 2003[J]. Advances in Atmospheric Sciences, 23(3): 468-473.

Zhang L, Vet R, Wiebe A, et al., 2008.Characterization of the size-segregated water-soluble inorganic ions at eight Canadian rural sites[J]. Atmospheric Chemistry & Physics, 8(23): 7133-7151.

Zhang F, Wang Z W, Cheng H R, et al., 2015.Seasonal variations and chemical characteristics of $PM_{2.5}$, in Wuhan, central China[J]. Science of the Total Environment, 518-519: 97-105.

Zhang Y J, Cai J, Wang S X, et al., 2017.Review of receptor-based source apportionment research of fine particulate matter and its challenges in China[J]. Science of the Total Environment, 586: 917-929.

Zhao M F, Huang Z S, Qiao T, et al. , 2015.Chemical characterization, the transport pathways and potential sources of $PM_{2.5}$ in Shanghai: seasonal variations[J]. Atmospheric Research, 158-159: 66-78.

Zhao J P, Zhang F W, Xu Y, et al., 2011. Characterization of water-soluble inorganic ions in size-segregated aerosols in coastal city, Xiamen[J]. Atmospheric Research, 99(3-4): 546-562.

Zíková N, Wang Y G, Yang F M, et al., 2016.On the source contribution to Beijing $PM_{2.5}$ concentrations[J]. Atmospheric Environment, 134: 84-95.